Fouad A. S. Soliman
Karima A. Mahmoud

Programação Neuro-linguística (PNL)

Fouad A. S. Soliman
Karima A. Mahmoud

Programação Neuro-linguística (PNL)

ScienciaScripts

Cover image: www.ingimage.com

This book is a translation from the original published under ISBN 978-620-6-14463-2.

Publisher:
Sciencia Scripts
is a trademark of
Dodo Books Indian Ocean Ltd. and OmniScriptum S.R.L publishing group

120 High Road, East Finchley, London, N2 9ED, United Kingdom
Str. Armeneasca 28/1, office 1, Chisinau MD-2012, Republic of Moldova, Europe
Printed at: see last page
ISBN: 978-620-5-77913-2

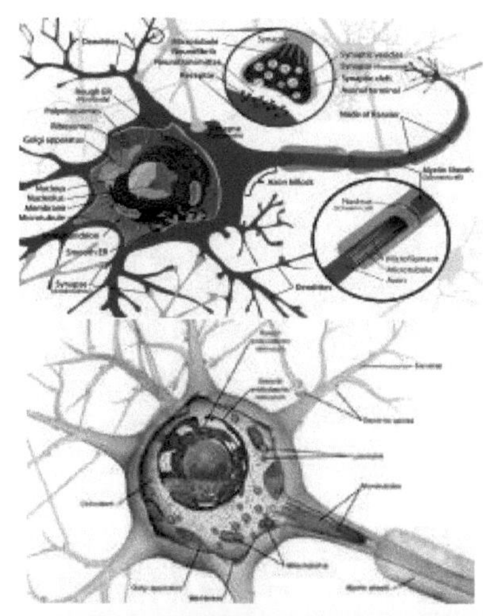

Programação Neuro-linguística

Por

Fouad A. S. Soliman **Prof., Engenharia Electrónica e Informática,** **Autoridade dos Materiais Nucleares,** **Cairo, Egipto/**	
Karima A. Mahmoud **Investigador de Física**	

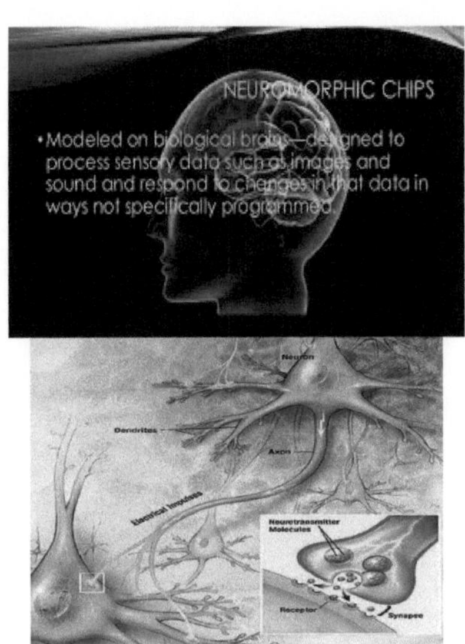

Março 2023

Sobre os Autores

Dr. Eng. Fouad A. S. Soliman

Prof. de Engenharia Electrónica e Informática
Autoridade dos Materiais Nucleares, Cairo, Egipto.

Membro do Conselho Editorial:

- **Progress in Photovoltaics, "Research and Applications", John Wiley and Sons, Reino Unido, desde**
- **1993,**
- **Periódicos da Associação para o Progresso das Técnicas de Modelação e Simulação, AMSE, Lune, França,**
- **International Journal of Computer Science and Engineering Applications (IJCSEA).**

Membro de:

- **Associação Americana para o Progresso das Ciências, N.Y.,U.S.A,**
- **Academia das Ciências de Nova Iorque, Nova Iorque, E.U.A.**

Escolhido Para:

- **Who's Who in the World, A.N. Marquis, N.J., E.U.A.**
- **Notáveis Povos do Século 20th , International Biographical Center of Cambridge, Inglaterra.**

Ensino nas Universidades

- **Ensinar os estudantes pós-graduados nas Universidades egípcias.**

Publicações e Supervisão de M.Sc. e Ph.D.
Artigos e teses supervisionadas

- **Cerca de 200**

Livros:

[1]. Fouad A. S. Soliman, **"Um novo olhar sobre o mundo da Nanotecnologia para os dias de hoje e Futuro"**, Livro publicado, Lambert Academic Publishing, Omni- Scriptum GmbH and Co. KG, Fevereiro, 2016,
ISBN 978-3-659-83496-7.

[2]. F. A. S. Soliman, **"Energia e o Futuro das Civilizações"**, Livro Publicado, Lambert Academic Publishing, Omni-Scriptum GmbH and Co. KG, Abril de 2016.
ISBN 978-3-659-88129-9.

[3]. F. A. S. Soliman, **"Characterization, Simulation, Applications, Deployment and Economics of Solar Energy"**, Lambert Academic Publishing, LAP, Saarbrücken, Alemanha, Maio de 2016.
ISBN 978-3-659-89387-2.

[4]. Fouad A. S. Soliman **e Hoda A. Ashry", Role of the Nuclear Technology on Human Daily Life"**, Livro publicado, Lambert Academic Publishing, Omni-Scriptum GmbH e Co. KG, Maio de 2016.
ISBN 978-3-659-90461-5.

[5]. Fouad A. S. Soliman, **Safaa M. R. El-ghanam e Ashraf M. Abdel-Makssod, "Impact of Outer Space Environment on Electronic Devices and Systems"**, Livro publicado, Lambert Academic Publishing, Omni-Scriptum GmbH and Co. KG, Julho de 2016.
ISBN: 978-3-659-93044-7

[6]. **H. A. Ashry,** Fouad A. S. Soliman **e S. A. Kamh, "Tecnologia Nuclear": Futuro Generation, Protection and Monitoring", Livro publicado, Lambert Academic Publishing, Omni-Scriptum GmbH e Co. KG, Agosto de 2016.**
ISBN: 978-3-659-93921-1

[7]. Fouad. A .S. Soliman, **"Agricultura em Áreas Remotas Baseadas em Energia Solar", Livro publicado,** Lambert Academic Publishing, Omni-Scriptum GmbH and Co. KG, Setembro, 2016.
ISBN: 978-3-659-95267-8

[8]. Fouad A. S. Soliman, **"Solar-Wind Hybrid Renewable Energy for Sustainable Agricultura"**, Livro publicado, Lambert Academic Publishing, Omni- Scriptum GmbH e Co. KG, Outubro, 2016, Número: 145917

ISBN: 978-3-659-96384-1

[9]. Fouad A. S. Soliman, **Linhas de Transmissão de Alta Tensão: Importância, Manutenção e Riscos"**, Livro publicado, Lambert Academic Publishing, Omni- Scriptum GmbH e Co. KG, Novembro, 2016, Número:147937,
ISBN: 978-3-330-00309-5.

[10]. **Hoda A. Ashry** e Fouad A. S. Soliman, **Nuclear Analytical Techniques e Ciências Modernas,** Livro publicado, Lambert Academic Publishing, Omni- Scriptum GmbH e Co. KG, Dezembro, 2016, No. : 149558,
ISBN: 978-3-330-01772-6.

[11]. Fouad A. S. Soliman, **Energy: History, Definitions, Forms, Transformation e Aplicações,** Livro publicado, Lambert Academic Publishing, Omni- Scriptum GmbH e Co. KG, Janeiro de 2017.
ISBN: 978-3-330-02939-2.

[12]. Fouad A. S. Soliman, **All About Nuclear Materials, Livro publicado,** Lambert Academic Publishing, Omni- Scriptum GmbH and Co. KG, 2017. Projecto-ID (150859)
ISBN:978-3-330-03643-7.

[13]. Fouad A. S. Soliman e **Hoda A. Ashry, Focus on the Treasures of the Earth,** Livro publicado, Lambert Academic Publishing, Omni-Scriptum GmbH and Co. KG, Fevereiro de 2017.
ISBN: 978-3-659-85407-1.

[14]. Fouad A. S. Soliman, **Geothermal Energy Technology,** Livro publicado, Lambert Academic Publishing, Omni-Scriptum GmbH and Co., KG., Maio 2017.
ISBN: 978-3-330-31808-3.

[15]. Fouad A. S. Soliman, **Marine Power Technology and Future of Energy,** Publicado Livro, Lambert Academic Publishing, Omni-Scriptum GmbH and Co. KG, Junho de 2017.
ISBN: 978-3-330-32467-1.

[16]. Fouad A. S. Soliman e **Hoda A. Ashry, Baterias Atómicas: a Energia Fácil para Tomorrow", Livro publicado,** Lambert Academic Publishing, Omni- Scriptum GmbH e Co. KG, Julho de 2017.
ISBN:978-3-330-35308-4.

[17]. Fouad A. S. Soliman, **e Hoda A. Ashry, Evolução da Radiação Sincrotrónica e a sua importância",** Livro publicado, Lambert Academic Publishing, Omni- Scriptum GmbH e Co. KG, Agosto de 2017.
ISBN: 978-620-2-01385-7

[18]. Fouad A. S. Soliman, "**Mechatronics: Engenharia Multidisciplinar**", Publicado Livro, Lambert Academic Publishing, Omni- Scriptum, GmbH and Co. KG, Agosto 2017.
ISBN: 978-620-0-43740-2.

[19]. Fouad A. S. Solimna e **Hoda A. Ashry, "Gold and Silver Recovery from**

Lixo Electrónico", Recuperação de Ouro e Prata do Lixo Electrónico", Publicado Livro Lambert Academic Publishing, Omni-Scriptum GmbH and Co. KG, Set. 2017.
ISBN: 978-620-2-04988-7.

[20]. **Fouad A. S. Soliman, Amira A El-laboudi, e Manal Mahdi, "Colheita Energy and Future Human Needs",** Livro publicado, Lambert Academic Publishing,
Omni-Scriptum GmbH and Co. KG, Novembro de 2017.
ISBN: 978-620-2-07981-5.

[21]. **Hoda A. Ashry** e **Fouad A. S. Soliman, "Mundo dos Neurónios",** Livro Publicado, Lambert Academic Publishing, Omni- Scriptum GmbH and Co. KG, Janeiro de 2018.
ISBN: 978-613-4-97714-2.

[22]. **Fouad A. S. Soliman, "Role of Engineering in Therapy",** Livro publicado Lambert Academic Publishing, Omni- Scriptum GmbH and Co. KG, Abril de 2018.
ISBN: 978-613-9-58735-3.

[23]. **Fouad A. S. Soliman, "New Trends in Exploring Earth Treasures",** Livro publicado
Lambert Academic Publishing, Omni- Scriptum GmbH and Co. KG, Nov. 2019.
ISBN: 978-620-0-4646469-9.

[24]. **Fouad A. S. Soliman, "Energia: Recursos, Derivados, Sustentabilidade e Develo-pment",** Livro publicado Lambert Academic Publishing, Omni-Scriptum GmbH e Co. KG, Dezembro de 2019.

[25]. **Fouad A. S. Soliman e Hamed I. E. Mira, "Nuclear Power: History, Materials, Economia e Futuro",** Livro publicado Lambert Academic Publishing, Omni-Scriptum GmbH e Co. KG, Janeiro de 2020.
ISBN: 978-620-0-46407-1.

[26]. **Fouad A. S. Soliman, "Renewable Energy and the Future of Human Life",** Livro publicado Lambert Academic Publishing, Omni-Scriptum GmbH and Co. KG, Fevereiro de 2020.
ISBN: 978-620-0-53632-7.

[27]. **Fouad A. S. Soliman, Safaa M. R. El-ghanam, e Ashraf M. Abdel-Maksoud, "Environmental Impact of the Energy Industry",** Livro publicado Lambert Academic Publishing, Omni-Scriptum GmbH and Co. KG, Fevereiro de 2020.
ISBN: 978-620-0-57165-6.

[28]. **Fouad A. S. Soliman, e Amira Abdel-Magid, "Projecções, Desenvolvimentos e Exploração de Recursos Energéticos Renováveis"** Livro publicado, Lambert Academic Publishing, Omni-Scriptum GmbH and Co. KG, Março de 2020.
ISBN: 978-620-065158-7.

[29]. **Fouad A. A. Soliman, e Wafaa Abd El-Basit, "Smart Photovoltaic Techno-logies and the Future of Energy",**Livro publicado, Lambert Academic Publishing, Omni-Scriptum GmbH and Co. KG, Março de 2020.
ISBN: 978-620-251267-1.

[30]. **Fouad A. S. Soliman, e Sanaa A.Kamh", Open Source Hardware Technology,**

Livro publicado, Lambert Academic Publishing, Omni- Scriptum GmbH and Co. KG, Abril de 2020.
ISBN: 978-620-2-51639-6.

[31]. **Fouad A. S. Soliman, "Renewable Energy Technologies for Salt Water Desalinação",** Livro publicado, Lambert Academic Publishing, Omni-Scriptum GmbH e Co. KG, Maio de 2020.
ISBN: 978-620-2-52159-8.

[32]. **Fouad A. S. Soliman, " Novas Tendências em Energias Renováveis para a Humanidade**
Benefícios", Livro publicado, Lambert Academic Publishing, Omni-Scriptum GmbH e Co. KG, Maio de 2020.
ISBN: 978-620-2-51887-1.

[33]. **Fouad A. S. Soliman, e Ashraf M. Abdel-maksoud, "Energy Storage, Transmissão e monitorização",** Livro publicado, Lambert Academic Publishing, Omni... Scriptum GmbH e Co. KG, Maio de 2020.
ISBN: 978-6213-94971-2

[34]. **Fouad S. S. Soliman, "Climate Effects on PV-Systems and their Maintenance and Reciclagem",** Livro publicado, Lambert Academic Publishing, Omni-Scriptum GmbH e Co. KG, Junho de 2020.
ISBN: 978-620-2-56451-9.

[35]. **Fouad A. S. Soliman e Hamed I. E. Mira, "Drones: The Future of Unmanned Aerial Vehicles",** Livro publicado Lambert Academic Publishing, Omni-Scriptum GmbH e Co. KG, Junho de 2020.
ISBN: 978-620-2-66811-8.

[36]. **Fouad A. S. Soliman, "Sensoriamento Geofísico e Remoto por Ar Baseado no Drone**
Aircrafts", Livro publicado, Lambert Academic Publishing, Omni-Scriptum GmbH e Co. KG, Julho de 2020.
ISBN: 978-620-2-67331-0.

[37]. **Fouad A. S. Soliman, e Safaa M. El-ghanam "O Mundo dos Renováveis Energy Technologies",** Livro publicado, Lambert Academic Publishing, Omni... Scriptum GmbH e Co. KG, Agosto de 2020.
ISBN: 978-620-2-68432-3.

[38]. **Fouad A. S. Soliman, e Ashraf M. Abedel-maksoud", Technologies of Standalone and Distributed Energy Systems",** Published Book, Lambert Academic Publishing, Omni-Scriptum GmbH e Co. KG, Setembro de 2020.
ISBN: 978-620-0-50455-6.

[39]. **Fouad A. S. Soliman, "A Novel and Efficient Aerial Techniques for UXO Detection",** Livro publicado, Lambert Academic Publishing, Omni-Scriptum GmbH e Co. KG, Setembro de 2020.
ISBN: 978-620-2-79934-8

[40]. **Fouad A. S. Soliman, e Ashraf M. Abedel-maksoud, "Technology and Future de Nano-fluidos",** Livro publicado, Lambert Academic Publishing, Omni-Scriptum

GmbH e Co. KG, Set. 2020.
ISBN: 978-620-2-80132-4.

[41]. **Fouad A. S. Soliman**, e **Safaa M. El-ghanam, "**New Trends in the Generation", Conversão, Transmissão e Armazenamento de Energia"**, Livro publicado, Lambert Academic Publishing, Omni-Scriptum GmbH and Co. KG, Outubro de 2020.**
ISBN: 978-620-2-80878-1.

[42]. **Fouad A. S. Soliman**, **"Remote Monitoring, Net Metering, Fault Detection and Predictive Maintenance of Electrical Power Systems"** Livro publicado, Lambert Academic Publishing, Omni-Scriptum GmbH and Co. KG, Outubro de 2020.
ISBN: 978-3-330-06474-4.

[43]. **Fouad A. S. Soliman, A. A. Abu Talib e Doaa H. Hanafy, "PV Shockley-Queasier, Maximum Power, Green Houses and Rooftop Stations",** Publicado Livro, Lambert Academic Publishing, Omni-Scriptum GmbH and Co. KG, Out. 2020.
ISBN: 978-620-2.92085-8.

[44]. **Fouad A. S. Soliman, Wafaa A. Zekri, Soha Abel-Azeim, "Environmental Impact de Geração, Transporte e Indústria de Electricidade",** Livro publicado, Lambert Academic Publishing, Omni-Scriptum GmbH and Co. KG, Novembro de 2020.
ISBN: 978-620-3-02581-1.

[45]. **Fouad A. S. Soliman**, e **Safaa R. El-ghanam, "Future Energy Development**", Livro publicado, Lambert Academic Publishing, Omni-Scriptum GmbH and Co. KG, Novembro de 2020.
ISBN: 978-620-3-041132.

[46]. **Fouad A. S. Soliman e Hamed I. E. Mira, "For More Efficient Solar Energy Aplicações",** Livro publicado Lambert Academic Publishing, Omni-Scriptum GmbH e Co. KG, Dezembro de 2020.
ISBN: 978-620-801002.

[47]. **Fouad A. S. Soliman**, e **Sanaa A. Kamh,** "New Trends in Micro-and Hybrid-Energy Grids", Livro publicado, Lambert Academic **Publishing**, Omni-Scriptum GmbH e Co. KG, Dezembro de 2020.
ISBN: 978-620-2-92022-3.

[48]. **Fouad A. S. Soliman, "Trends in Renewable Energy Resources** Gridding", Livro publicado Lambert Academic Publishing, Omni-Scriptum GmbH and Co. KG, Janeiro de 2021.
ISBN: 978-620-3-30339-1.

[49]. **Fouad A. S. Soliman**, e **Wafaa Abdel Basit Zekri, "Gridding of Smart Solar Energy Systems",** Livro publicado, Lambert Academic Publishing, Omni-Scriptum, GmbH and Co., K.G. Março 2021.
ISBN: 978-620-3-46312-5.

[50]. **Fouad A. S. Soliman**, e **Safaa R. El-ghanam, "New Trends in Photovoltaic System",** Published Book, Lambert Academic Publishing, Omni-Scriptum GmbH e Co., K.G., Dez. 2020.
ISBN: 978-620-3-47075-8.

[51]. **Fouad A. S. Soliman, "Automatic Monitoring of PV-Systems",** Livro publicado

Lambert Academic Publishing, Omni-Scriptum GmbH and Co. KG, Set. 2021.
ISBN: 978-620-3-58196-6.

[52]. Fouad A. S. Soliman, e **Ashraf M. Abedel-maksoud, "Marine Power : the Futuro das Energias Renováveis,** Livro Publicado, Lambert Academic Publishing, Omni-Scriptum GmbH and Co. KG, Novembro, 2021.
ISBN: 978-620-4-71792-0163.

[53]. Fouad A. S. Soliman, **"Carbon Capture and Sequestration",** Livro publicado Lambert Academic Publishing, Omni-Scriptum GmbH and Co. KG, Novembro de 2021.
ISBN: 978-620-4-72561-1163.

[54]. Fouad A. S. Soliman, **e Hoda A. Ashry, "Role of Electronics and Computer Sciences on Energy Medicine",** Edição do Livro Lambert Academic Publishing, Omni-Scriptum GmbH and Co. KG, Novembro de 2021.
ISBN: 978-620-4-727387.

[55]. Fouad A. S. Soliman, **e Nehal Abou-el fotoh Ali, "Future Challenges of Electronics Based on Piezoelectric", Edição** Académica do Livro Lambert, Omni-Scriptum GmbH and Co. KG, Dezembro 2021.
ISBN: 978-620-4-70844.

[56]. Fouad A. S. Soliman, **Ayman H. Shanash e Nehal Abou-el fotoh Ali, "Sustainale Energy for Human Safety and Luxury",** Livro publicado Lambert Academic. Publishing, Omni-Scriptum GmbH e Co. KG, Janeiro de 2022.
ISBN: 978-620-4-73029-1163.

[57]. Fouad A. S. Soliman, **e Nehal Abou-el fotoh Ali, "World of Osmotic Pheno menon",** Published Book Lambert Academic Publishing, Omni-Scriptum GmbH e Co. KG, Janeiro de 2021.
ISBN: 978-620-4-73327-2164.

[58]. Fouad A. S. Soliman, **Ayman H. Shanash e Nehal Abou-el fotoh Ali, "A** Deep Insight into the Future of Energy, Livro publicado Lambert Academic Publishing, Omni-Scriptum GmbH and Co. KG, Janeiro de 2022.
ISBN: 978-620-4-73472-9164.

[59]. Fouad A. S. Soliman, **Ayman H. Shanash e Nehal Abou-el fotoh Ali,** "Transitioning from Fossil Fuels to Renewable Energy", Livro publicado Lambert Academic. Publishing, Omni-Scriptum GmbH e Co. KG, Fevereiro de 2022.
ISBN: 978-620-4-74114-7164.

[60]. Fouad A. S. Soliman, **Ayman H. Shanash e Nehal Abou-el fotoh Ali, "Ocean Thermal Energy Conversion",** Livro publicado Lambert Academic Publishing, Omni-Scriptum GmbH and Co. KG, Fevereiro de 2022.
ISBN: 978-620-4-74278-61.

[61]. Fouad A. S. Soliman, **Ayman H. Shanash e Nehal Abou-el fotoh Ali, "The Rapid Movement towards Clean Green World",** Livro publicado Lambert Academic. Publishing, Omni-Scriptum GmbH and Co. KG, Fevereiro de 2022.

ISBN: 9786-204-745 183.

[62]. Fouad A. S. Soliman, **Ayman H. Shanash e Nehal Abou-el fotoh Ali,** "**Renewable Energy Systems Engineering**", Livro publicado Lambert Academic Publishing, Omni-Scriptum GmbH and Co. KG, Fevereiro de 2022.
ISBN: 978-620-4-74716-3.

[63]. Fouad A. S. Soliman, **Ayman H. Shanash e Nehal Abou-el fotoh Ali, "De A - To Z-about Renewable Energy",** Livro publicado Lambert Academic Publishing, Omni-Scriptum GmbH and Co. KG, Março de 2022.
ISBN: 9786-202-053099.

[64]. Fouad A. S. Soliman, **Hamed I. E. Mira e Nehal Abou-el fotoh Ali, "Steps on the Way of Energy Future and Conservation",** Livro publicado Lambert Academic. Publishing, Omni-Scriptum GmbH e Co. KG, Março de 2022.
ISBN: 9786-139-448388.

[65]. Fouad A. S. Soliman, **Nehal Abou-el fotoh Ali e Karima A. Mahmoud, "Engenharia e Confortável Vida Inteligente",** Livro publicado Lambert Academic. Publishing, Omni-Scriptum GmbH e Co. KG, Março de 2022.
ISBN: 978-620-0-24999-91.

[66]. Fouad A. S. Soliman, **Hoda A. Ashry e Nehal Abou-el fotoh Ali, "World of Fuel Cells",** Published Book Lambert Academic Publishing, Omni-Scriptum GmbH and Co.
KG, Abril de 2022.
ISBN: 978-620-4-74855-91.

[67]. Fouad A. S. Soliman, **Nehal Abou-el fotoh Ali e Wafaa A. Zekri, "Photovoltaic Systems Engineering",** Livro publicado Lambert Academic Publishing, Omni-Scriptum
GmbH e Co. KG, Abril de 2022.
ISBN: 978-620-4-74893-11.

[68]. Fouad A. S. Soliman, **Amira A. Abo-talib e Doaa H. Hanafy", Role of Electronic Engineering on Automotive and Mechanic Science,** Livro publicado Lambert Academic
Publishing,Omni-Scriptum, GmbH and Co. KG, Maio de 2022.
ISBN: 978-620-4-75130-61....

[69]. Fouad A. S. Soliman, **Nihal Abou-alfotoh Ali," Nano-fibras: O Futuro de Materiais**", Livro publicado Lambert Academic Publishing, Omni-Scriptum, GmbH e Co. KG, Maio de 2022.
ISBN: 978-620-4-95505-616.

[70]. Fouad A. S. Soliman, **Sanaa A. Kamh e Doaa H. Hanafy, "The Brilliant Future of Lithium in Energy Storage",** Livro publicado Lambert Academic Publishing, Omni-Scriptum, GmbH e Co. KG, Maio de 2022.

ISBN: 978-620-4-98014-0165519.

[71]. Fouad A. S. Soliman, e Hamed I. E. Mira, "Stereo Microscope: the Nano-imaging Tool of Future", Published Book Lambert Academic Publishing, Omni-Scriptum, GmbH e Co. KG, Maio de 2022.
ISBN: 978-620-5489-406.

[72]. Fouad A. S. Soliman, Amira A. Abo-talib El-laboudi e Karima A. Mahmoud, "Futuro das Tecnologias Híbridas de Energia", Livro publicado Lambert Academic Publishing, Omni-Scriptum, GmbH and Co. KG, Maio de 2022.
ISBN: 978-620-5489-406.

[73]. Fouad A. S. Soliman, Wafa Abdel-basit Zekri e Karima A. Mahmoud, "The Brilhante Futuro da Imagem Digital", Livro publicado Lambert Academic Publishing, Omni-Scriptum, GmbH and Co. KG, Ago. 2022.
ISBN: 978-6205-4956-12.

[74]. Fouad A. S. Soliman, "Futuro das Ciências Interdisciplinares", Livro publicado Lambert Academic Publishing, Omni-Scriptum, GmbH and Co. KG, Outubro de 2022.
ISBN: 978-620-5-50245-71.

[75]. Fouad A. S. Soliman, and Karima A. Mahmoud, "Fewer Losses on Renewable Geração e Aplicações de Energia", Livro publicado Lambert Academic Publishing, Omni-Scriptum, GmbH and Co. KG, Outubro de 2022.
ISBN: 978-620-4-980669.

[76]. Fouad A. S. Soliman, Amira Abou-talib El-laboudi e Doaa H. Hassan, "Food Energia", Livro publicado Lambert Academic Publishing, Omni-Scriptum, GmbH e Co. KG, Outubro de 2022.
ISBN: 978-620-5-50995-116.

[77]. Fouad A. S. Soliman,Wafa Abdel-basit Zekri e Karima A. Mahmoud, "The Brilhante Mundo do Grafeno", Livro publicado Lambert Academic Publishing, Omni-Scriptum, GmbH e Co. KG, Outubro de 2022.
ISBN: 978-620-5-51599-016.

[78]. Fouad A. S. Soliman,Amira A. Abo-talib e Doaa H. Hanafy," Wind as a Mainstream Renewable Power", Published Book Lambert Academic Publishing, Omni-Scriptum, GmbH and Co. KG, Outubro de 2022.
ISBN: 978-620-5-52588-316.

[79]. Fouad A. S. Soliman, e Karima A. Mahmoud, "Unmanned Aerial Vehicle Appli cations and Development towards Few Grams Weight", Livro publicado Lambert Academic Publishing, Omni-Scriptum, GmbH and Co. KG, Outubro de 2022.
ISBN: 978-620-4-980669.

[80]. Fouad A. S. Soliman, e Karima A. Mahmoud, "The Benfits of Plastic and its Perigos Iminentes para a Humanidade ", Livro publicado Lambert Academic Publishing, Omni-Scriptum, GmbH and Co. KG, Outubro de 2022.

ISBN: 978-620-5622472.

[81]. Fouad A. S. Soliman, e Karima A. Mahmoud, **"Advanced Technologies for Gold Prospecção e Mineração"**, Livro publicado Lambert Academic Publishing, Omni-Scriptum, GmbH e Co. KG, Outubro de 2022.
ISBN: 978-620-6-14226.

Em quarto lugar: Relatórios científicos e técnicos

[1]. Fouad A. S. Soliman," **Egypt and Solar Energy"**, Sci. Internal Report, Nuclear Materials Authority, NMA-ED-SIR-1/96, 1996.

[2]. Fouad S. S. Soliman e **Ashraf M. Abdel-maksoud, "A Proposal to Apply Solar Energy in Nuclear Materials Authority"**, Relatório Interno, Materiais Nucleares Autoridade, 2020, Cairo, Egipto.

[3]. Fouad A. S. Soliman, Ayman H. Shanash, Alaa Ahmed Aref, Nehal Abou-el fotoh Ali and Ashraf M. Abdel-Maksoud" **Energy for Human Future",** Relatório Técnico. Apresentado ao Centro Egípcio de Estudos Económicos, Científicos e Ambientais... Investigação e Desenvolvimento mental (em árabe), Janeiro de 2022.

Karima A. Mahmoud
Investigador de Física

[1]. **Fouad A.S.Soliman** e Karima A. Mahmoud, **"Future of Composite Materials"** Livro publicado, Lambert Academic Publishing,Omni- Scriptum GmbH and Co. KG, Julho de 2019.
ISBN 978-620-0-24780-3.

[2]. **Fouad A.S.Soliman** e Karima A. Mahmoud, **"Neurons Modeling and Electrical Equivalent Circuits",** Publishing, Omni-Scriptum GmbH and Co. KG, Agosto de 2019.
ISBN 978-620-0-29375-6.

[3]. **Fouad A.S.Soliman** e Karima A.Mahmoud, **"Future of Electron Beam Applications",** Publishing, Omni-Scriptum GmbH and Co. KG,Setembro de 2019.
ISBN 978-620-0-43740-2.

[4]. **Fouad A.S.Soliman e** Karima A. Mahmoud, **"Renewable Energy and the Future da Vida Humana",** Livro publicado Lambert Academic Publishing,Omni-Scriptum GmbH e Co. KG, Fevereiro de 2020.
ISBN 978-620-0-53632-7.

[5]. **Fouad A. S. Soliman,**Karima A. Mahmoud e Amira Abdel-Magid, " **Projecções, Developments and Exploitations of Renewable EnergyResources"** Livro publicado, Lambert Academic Publishing,Omni Scriptum GmbH and Co. KG, Março de 2020.
ISBN 978-620-065158-7.

[6]. **Fouad A. A. Soliman,** Wafaa Abd El-Basit eKarima A. Mahmoud, "**Smart Photo-**

tecnologias de voltagem e o futuro da energia", Livro publicado, Lambert Academic Publishing,Omni- Scriptum GmbH and Co. KG, Março de 2020.
ISBN 978-620-251267-1

[7]. **Fouad A. S. Soliman,Sanaa A.Kamh e Karima A. Mahmoud", Open-Source Tecnologia de Hardware,** Livro publicado, Lambert Academic Publishing,Omni-Scriptum GmbH e Co. KG, Abril de 2020.
ISBN 978-620-2-51639-6.

[8]. **Fouad A. S. Soliman e Karima A. Mahmoud, " Novas Tendências em Energias Renováveis**
para Benefícios Humanos", Livro publicado, Lambert Academic Publishing,Omni-Scriptum GmbH e Co. KG, Maio de 2020.
ISBN 978-620-2-51887-1.

[9]. **Fouad A. S. Soliman, Ashraf M. Abdel-maksoud e Karima A. Mahmoud, "Energy Storage, Transmission and Monitoring",** Livro publicado, Lambert Academic Publishing,Omni-Scriptum GmbH and Co. KG, Maio de 2020.
ISBN 978-6213-94971-2.

[10]. **Fouad A. S. Soliman,Karima A. Mahmoud** e Amira Abdel-Magid, "Projecções, **Developments and Exploitations of Renewable EnergyResources"** Livro publicado, Lambert Academic Publishing,Omni-Scriptum GmbH and Co. KG, Março de 2020.
ISBN 978-620-065158-7.

[11]. **Fouad A. A. Soliman**, Wafaa Abd El-Basit eKarima **A. Mahmoud" Smart Photo-Tecnologias Voltáicas e o Futuro da Energia"**,Livro publicado, Lambert Academic Publishing,Omni- Scriptum GmbH and Co. KG, Março de 2020.
ISBN 978-620-251267-1

[12]. **Fouad A. S. Soliman, Sanaa A.Kamh e Karima A. Mahmoud", Open Source Tecnologia de Hardware,** Livro publicado, Lambert Academic Publishing,Omni-Scriptum GmbH e Co. KG, Abril de 2020.
ISBN 978-620-2-51639-6

[13]. **Fouad A. S. Soliman e Karima A. Mahmoud, " Novas Tendências em Energias Renováveis**
para Benefícios Humanos", Livro publicado, Lambert Academic Publishing,Omni-Scriptum GmbH e Co. KG, Maio de 2020.
ISBN 978-620-2-51887-1.

[14]. **Fouad A. S. Soliman, Ashraf M. Abdel-maksoud e Karima A. Mahmoud, "Energia Armazenamento, Transmissão e Monitorização",** Livro publicado, Lambert Academic Publishing,Omni-Scriptum GmbH
e Co. KG, Maio de 2020.
ISBN 978-613-4-94971-2.

[15]. **Fouad S. S. Soliman, e Karima A. Mahmoud, "Climate Effects on PV-Systems e a sua manutenção e reciclagem",** Livro publicado, Lambert Academic Publishing,Omni-Scriptum GmbH and Co. KG, Junho de 2020.

ISBN 978-620-2-56451-9.

[16]. **Fouad A. S. Soliman, Safaa M. El-Ghanam e** Karima A. Mahmoud**, "The World de Gel Technologies",** Livro publicado, Lambert Academic Publishing,Omni-Scriptum GmbH e Co. KG, Agosto de 2020.
ISBN 978-620-2-68432-3.

[17]. **Fouad A. S. Soliman, Ashraf M. Abedel-maksoud e** Karima A. **Mahmoud", Technologies of Stand-alone and Distributed Energy Systems",** Livro publicado, Lambert Academic Publishing,Omni-Scriptum GmbH and Co. KG, Setembro de 2020.
ISBN 978-620-0-50455-6.

[18]. **Fouad A. S. Soliman,Ashraf M. Abedel-maksoud e** Karima A. **Mahmoud", Tecnologia e Futuro dos Nanofluidos",** Livro publicado, Lambert Academic Publishing, Omni-Scriptum GmbH e Co. KG, Setembro de 2020.
ISBN 978-620-2-80132-4.

[19]. **Fouad A. S. Soliman,Sanaa A.** Kamh e Karima A. Mahmoud, "New Trends in Micro e Híbrido - Redes de Energia", Livro publicado, Lambert Academic **Publishing**, Omni-Scriptum GmbH and Co. KG,Dezembro de 2020.
ISBN 978-620-2-92022-3.

[20]. **Fouad A. S. Soliman, Safaa R. El-Ghanam e** Karima A. Mahmoud**, "New Trends in Photovoltaic System", Livro** publicado**, Lambert Academic Publishing, Omni-Scriptum GmbH and Co., K.G. Dez. 2020.**
ISBN 978-620-3-47075-8.

[21]. **Fouad A. S. Soliman, Hamed I. E. Mira e** Karima A. Mahmoud**, "Scrap Tyres entre Reciclagem e Tecnologias de Bioenergia",** Livro publicado Lambert Academic Publishing, Omni-Scriptum GmbH e Co. KG, Março de 2021.
ISBN 978-620-57464-7.

[22]. **Fouad A. S. Soliman e** Karima A. Mahmoud**, "Automatic Monitoring of PV-Systems',** Livro publicado Lambert Academic. Publicação,Omni-Scriptum GmbH e Co. KG, Setembro de 2021.
ISBN 978-620-3-58196-6.

[23]. **Fouad A. S. Soliman, Hamed I. E. Mira e** Karima A. Mahmoud, **"Hidrogénio: O Futuro do Combustível Não-Carbono",** Livro publicado Lambert Academic Publishing,Omni-
Scriptum GmbH e Co. KG, Outubro de 2021.
ISBN 978-620-40 20741-4.

[24]. **Fouad A. S. Soliman, e** Karima A. Mahmoud, "Unmanned Aerial Vehicle Appli cations and Development towards Few Grams Weight", Livro publicado Lambert Academic Publishing, Omni-Scriptum, GmbH and Co. KG, Outubro de 2022.
ISBN: 978-620-4-980669.

[25]. **Fouad A. S. Soliman, e** Karima A. Mahmoud, "The Benfits of Plastic and its Perigos Iminentes para a Humanidade", Livro publicado Lambert Academic Publishing, Omni-
Scriptum, GmbH e Co. KG, Outubro de 2022.
ISBN: 978-620-5622472.

[26]. **Fouad A. S. Soliman, e Karima A. Mahmoud, "Advanced Technologies for Gold Prospecção e Mineração",** Livro publicado Lambert Academic Publishing, Omni-Scriptum, GmbH e Co. KG, Outubro de 2022.
ISBN: 978-620-6-14226.

Agradecimentos

Estamos a ajoelhar-nos obsequiosamente a **ALLAH agradecendo-LHE** por me ter mostrado o caminho certo. Sem a ajuda **de Deus, os** nossos esforços ter-se-iam desviado. Foi através da graça de **Deus** que pudemos adquirir esta grande realização. Obrigado também por uma pessoa a quem estamos muito apaixonados, o **Profeta Maomé {O louvor e a paz de Deus}**.

Além disso, queremos expressar a nossa mais profunda gratidão:

- **Autoridade dos Materiais Nucleares, Cairo, Egipto.**

Membro do pessoal dos diferentes sectores.

- **Women College for Arts, Science, and Education, Universidade de Ain-shams, Cairo, Egipto.**

Funcionários do Departamento de Física, e do Laboratório de Investigação Electrónica.

- **Centro Nacional de Investigação e Tecnologia da Radiação, Cairo, Egipto.**

Membros do pessoal do Departamento de Física das Radiações.

- **Funcionários do Centro Egípcio de Estudos Económicos, Investigação Científica e Ambiental e Desenvolvimento.**

Abstrato

A programação neuro-linguística (PNL) é uma abordagem pseudo científica da comunicação, desenvolvimento pessoal e psicoterapia, que apareceu pela primeira vez no livro de Richard Bandler e John Grinder de 1975. A Estrutura da Programação Mágica I. PNL afirma que existe uma ligação entre processos neurológicos (neuro-), linguagem (linguística) e padrões de comportamento adquiridos (program-ming), e que estes podem ser alterados para atingir objectivos específicos na vida. De acordo com Bandler e Grinder, a PNL pode tratar problemas como fobias, depressão, distúrbios de carrapatos, doenças psicossomáticas, miopia, alergia, a constipação comum, e distúrbios de aprendizagem, frequentemente numa única sessão. Alegam também que a PNL pode "modelar" as competências de pessoas excepcionais, permitindo que qualquer pessoa as adquira.

O PNL foi adoptado por alguns hipnoterapeutas, bem como, por empresas que realizam seminários comercializados como tal: "formação de liderança" para empresas e agências governamentais.

Não existem provas científicas que apoiem as alegações feitas pelos defensores da PNL, e tem sido chamada de pseudociência. Revisões científicas demonstraram que a PNL se baseia em metáforas desactualizadas do funcionamento interno do cérebro que são inconsistentes com a teoria neurológica actual, e que contêm numerosos erros factuais. As revisões também descobriram que a investigação que favorecia a PNL continha falhas metodológicas significativas, e que havia três vezes mais estudos de qualidade muito superior que não conseguiram reproduzir as "afirmações extraordinárias" feitas por Bandler, Grinder, e outros praticantes de PNL.

Palavras-chave

Programação neuro-linguística (PNL), pseudo, científica, abordagem, comunicação, desenvolvimento pessoal, psicoterapia, primeiro, apareceu, Richard Bandler, John Grinder's, livro, estrutura, magia, afirma, que, ali, ligação, entre, neurológico, processos, linguagem neurológica, linguísticos, adquiridos, comportamentais, padrões, programação, podem, ser, alterados, alcançar, específicos, objectivos, segundo, tratar, problemas, tais como, fobias, depressão, doenças psicossomáticas, miopia, alergia, constipação comum, aprendizagem, distúrbios, frequentemente, únicas, sessão, elas, também, reivindicam, modelo, competências, excepcionais, pessoas, permitindo, qualquer pessoa, adquirir, elas, adoptadas, algumas, hipnoterapeutas, bem como, empresas, que, dirigidas, seminários, comercializadas, formação de liderança, empresas, agências governamentais, científicas, provas, apoio, afirmações, feitas, defensores, chamados, pseudociência, revisão científica, pseudo-ciência, enfim, baseadas, desactualizadas, metáforas, interior do cérebro, funcionamento, inconsistentes, actuais, teoria neurológica, contêm, numerosos, erros factuais, revisões, constataram que, investigação, que, favorecida, continha, significativos, metodológicos, falhas, três, vezes, muitos, estudos, muito, mais elevados, de qualidade, falhados, reproduzir, afirmações extraordinárias, feitas por, Bandler, Grinder, outros praticantes de PNL, compreende, metodologia, denominada, modelação, mais a, conjunto, técnicas, derivadas, iniciais, aplicações, tais como, métodos, considerados, fundamentais, derivados, muitos, do, trabalho, Virginia Satir, Milton Erickson, Fritz Perls, particularmente, transformacional, gramática, bem como, ideias, técnicas, de, Carlos Castaneda, terapêutico, mágico, executado, terapia, Perls, Satir, Erickson, de facto, inerente, complexo, humano, actividade, codecisão, estrutura, actividade, aprendizagem, outros, pretendido, codificação, técnicas terapêuticas, produzir, o que, eles, denominados, Meta-Modelo, modelo, para, recolha, informação, desafiante, language do cliente, subjacente, pensamento, desafiante linguístico, distorções, especificando, generalizações, recuperação, eliminação, informação, declarações do cliente, transformacional, gramática, conceitos, estrutura superficial, rendimento, mais, completo, representação, subjacente, profundo, estrutura, portanto, benefício terapêutico, derivado, ancoragem, futuro, ritmo, sistemas de representação, contraste, supostamente, hipnótico, linguagem, descrito, artisticamente vago, metafórico, usado, combinação, amaciador, induzir, transe, entrega, indirecto, terapêutico, sugestão, escreve, que, as teorias de Chomsky, parecem ser irrelevantes, descreve, neurónio, neurónio, célula nervosa, electricamente, célula excitável, comunica, com, com, outras, células, via, sinapses, especializadas, conexões, normalmente, uso, minuto, quantidades, neuro-transmissores, passe, eléctrico, sinal, neurónio pré-sináptico, célula alvo, através, lacuna sináptica, componente principal, tecido nervoso, em, todos, animais, excepto, esponjas, placozoa, não animais, como, plantas, fungos, não, têm, célula nervosa, tipicamente, classificada, em, três, tipos, com base, sobre, na sua, função, sensorial, neurónios, responder, estímulos, tais como, tacto, som, luz, que, afectam, células, dos, órgãos sensoriais, enviar, sinais, espinal, medula ou cérebro, motor, neurónios, receber, sinais, cérebro, medula espinal, controlo, tudo, desde, contracções musculares, saída glandular, interneurónios, ligar, neurónios, a outros, neurónios, dentro da mesma região, cérebro, medula espinal, múltiplos, neurónios, ligados, juntos, forma, chamado, circuito neural, campo, electrónica, neurotrónica, neural elect-rónica, palavra, combinação, neurónio e electrónica, meios, ramo, electrónica, relativos a, princípios, conceitos de inspiração neural, dão, de mão, para, amplo, array, problemas da vida real, introduzidos, em, dispositivos de concepção, portanto, circuitos, sistema, podem, incluem, inspiração cerebral, algoritmos, rede neural, computacional, modelos, artificial, neural, redes (ANNs), computação neuromórfica (engenharia neuromórfica), conceito, desenvolvido, Carver Mead, habituado a, descrito, utilizar sistemas de integração em muito grande escala (VLSI), contendo, electrónica, analógica, circuitos, mímica, arquitecturas neurobiológicas, sistema nervoso presente, e actualmente, os neuromórficos, descrevem VLSI analógicos, digitais, de modo misto analógico/digital, sistemas de software que implementam modelos de sistemas neurais, implementação, hardware de computação neuro-mórfica, podem, realizados, memristores à base de óxido, comutadores de limiar, e transístores.

Tabela de Conteúdos

Capítulo (1)

Introdução à PNL

A programação neuro-linguística (PNL) é uma abordagem pseudo científica da comunicação, desenvolvimento pessoal e psicoterapia, que apareceu pela primeira vez no livro de Richard Bandler e John Grinder de 1975. A Estrutura da Programação Mágica I. NLP afirma que existe uma ligação entre processos neurológicos (neuro-), linguagem (linguística) e padrões de comportamento adquiridos (programação), e que estes podem ser alterados para atingir objectivos específicos na vida [1, 2]. De acordo com Bandler e Grinder, a PNL pode tratar problemas tais como fobias, depressão, doenças psicossomáticas, miopia [3], alergia, a constipação comum, e distúrbios de aprendizagem [5, 6], frequentemente numa única sessão. Alegam também que a PNL pode "modelar" as competências de pessoas excepcionais, permitindo que qualquer pessoa as adquira [7, 8].

O PNL foi adoptado por alguns hipnoterapeutas, bem como, por empresas que realizam seminários comercializados como tal: "formação de liderança" para empresas e agências governamentais [9, 10].

Não existem provas científicas que apoiem as alegações feitas pelos defensores da PNL, e tem sido chamada de pseudociência [11-13]. Revisões científicas demonstraram que a PNL se baseia em metáforas desactualizadas do funcionamento interno do cérebro, que são inconsistentes com a teoria neurológica actual, e que contêm numerosos erros factuais [14]. As revisões também descobriram que a investigação que favorecia a PNL continha falhas metodológicas significativas, e que havia três vezes mais estudos de uma qualidade muito superior que não conseguiram reproduzir as "afirmações extraordinárias" feitas por Bandler, Grinder, e outros praticantes de PNL [12, 13].

1.1. Desenvolvimento precoce

Segundo Bandler e Grinder, a PNL compreende uma metodologia denominada modelação, mais um conjunto de técnicas que derivam das suas aplicações iniciais [7, 15]. De tais métodos considerados fundamentais, derivaram muitos do trabalho de Virginia Satir, Milton Erickson e Fritz Perls [16].

Bandler e Grinder também se basearam nas teorias de Gregory Bateson, Alfred Korzybski e Noam Chomsky (particularmente a gramática transformacional) [7, 17, 18], bem como nas ideias e técnicas de Carlos Castaneda [19].

Bandler e Grinder afirmam que a sua metodologia pode codificar a estrutura inerente à "magia terapêutica" tal como executada em terapia por Perls, Satir e Erickson, e de facto inerente a qualquer actividade humana complexa, e depois dessa codificação, a estrutura e a sua actividade podem ser aprendidas por outros. O seu livro de 1975, The Structure of Magic I: Um livro sobre Língua e

A terapia, destina-se a ser uma codificação das técnicas terapêuticas de Perls e Satir [7]. Bandler e Grinder dizem que usaram o seu próprio processo de modelagem para modelar Virginia Satir, para que pudessem produzir o que chamaram Meta-Model, um modelo para recolher informação e desafiar a linguagem e o pensamento subjacente de um cliente [7, 20]. Alegam que ao desafiar distorções linguísticas, especificar generalizações, e recuperar informação apagada nas declarações do cliente, os conceitos gramaticais transformacionais da estrutura superficial produzem uma representação mais completa da estrutura profunda subjacente e, portanto, têm benefícios terapêuticos [21, 22]. Também derivados de Satir foram sistemas de ancoragem, de estimulação futura e de representação [23].

Em contraste, o Modelo Milton - um modelo da suposta linguagem hipnótica de Milton Erickson - foi descrito por Bandler e Grinder como "artisticamente vago" e metafórico [4].O Milton-Model é usado em combinação com o Meta-Model como um amaciador, para induzir "transe" e para dar sugestões terapêuticas indirectas [24].

O psicólogo Jean Mercer escreve que as teorias de Chomsky "parecem ser irrelevantes" para a NLP [25]. A linguista Karen Stollznow descreve a referência de Bandler e Grinder a tais especialistas como "namedropping". Para além de Satir, as pessoas que citam como influências não colaboraram com Bandler ou Grinder. O próprio Chomsky não tem qualquer associação com a NLP; o seu trabalho original foi concebido como teoria, não como terapia. Stollznow escreve, "para além da terminologia de empréstimo, a PNL não tem qualquer semelhança autêntica com nenhuma das teorias ou filosofias de Chomsky - linguística, cognitiva ou política"[17].

Segundo André Muller Weitzenh oferece, um investigador no campo da hipnose, "a maior fraqueza da análise linguística de Bandler e Grinder é que grande parte dela é construída sobre hipóteses não testadas e é apoiada por dados totalmente inadequados"[26]. Weitzenhoffer acrescenta que Bandler e Grinder usam indevidamente a lógica formal e a matemática [26], redefinem ou entendem mal os termos do léxico linguístico (por exemplo, nomeação) [26], criam uma fachada científica ao complicarem desnecessariamente conceitos Ericksonianos com afirmações infundadas [26], cometem erros factuais [26], e desconsideram ou confundem conceitos centrais à abordagem Ericksoniana [26].

Mais recentemente (cerca de 1997), Bandler afirmou: "O PNL baseia-se em descobrir o que funciona e formalizá-lo. A fim de formalizar padrões, utilizei tudo desde a linguística à holografia... Os modelos que constituem a PNL são todos modelos formais baseados em princípios matemáticos e lógicos, tais como o cálculo predicado e as equações matemáticas subjacentes à holo-grafia"[27]. Contudo, não há nenhuma menção à matemática da holografia nem da holografia em geral no relato de McClendon [19], Spitzer [23], ou Grinder[28] sobre o desenvolvimento da PNL.

Sobre a questão do desenvolvimento da PNL, Grinder recorda [29]: As memórias sobre o que pensávamos na altura da descoberta (com respeito ao código clássico que desenvolvemos - ou seja, os anos de 1973 a 1978) são que estávamos bastante explícitos de que queríamos derrubar um paradigma e que, por exemplo, eu, por exemplo, achei muito útil planear esta campanha usando em parte como guia o excelente trabalho de Thomas Kuhn (A Estrutura das Revoluções Científicas) no qual ele detalhou algumas das condições que historicamente obtivemos no meio das mudanças de paradigma. Por exemplo, creio que foi muito útil que nenhum de nós tenha sido qualificado no campo que primeiro perseguimos - a psicologia e, em particular, a sua aplicação terapêutica; sendo esta uma das condições que Kuhn identificou no seu estudo histórico das mudanças de paradigma.

O filósofo Robert Todd Carroll respondeu que o triturador não tinha compreendido o texto de Kuhn sobre a história e filosofia da ciência, A Estrutura das Revoluções Científicas. Carroll responde:

(a) os cientistas individuais nunca tiveram nem são capazes de criar mudanças de paradigma voluntariamente e Kuhn não sugere o contrário;
(b) o texto de Kuhn não contém a ideia de que ser não qualificado num campo da ciência é um pré-requisito para produzir um resultado que exija uma mudança de paradigma nesse campo e
(c) A Estrutura das Revoluções Científicas é sobretudo um trabalho de história e não um texto instrutivo sobre a criação de mudanças de paradigma e tal texto não é possível - a descoberta extraordinária não é um procedimento de fórmula.

Carroll explica que uma mudança de paradigma não é uma actividade planeada; é antes um resultado do esforço científico dentro do paradigma actual (dominante) que produz datathat não pode ser adequadamente contabilizado dentro do paradigma actual - daí uma mudança de paradigma, ou seja, a adopção de um novo paradigma.

Ao desenvolver a PNL, Bandler e Grinder não responderam a uma crise paradigmática em psicologia nem produziram quaisquer dados que causassem uma crise paradigmática em psicologia. Não há sentido em que Bandler e Grinder tenham causado ou participado numa mudança de paradigma. "O que é que o Grinder e o Bandler fizeram que torna impossível continuar a fazer psicologia...sem aceitar as suas ideias? Nada", argumenta Carroll [30].

1.2. Comercialização e Avaliação

No final dos anos 70, o movimento do potencial humano tinha-se tornado numa indústria e proporcionado um mercado para algumas ideias de PNL. No centro deste crescimento estava o Instituto Esalen em Big Sur, Califórnia. Perls tinha liderado numerosos seminários de terapia Gestalt em Esalen. Satir foi um dos primeiros líderes e Bateson foi um professor convidado. Bandler e Grinder afirmaram que além de ser um método terapêutico, a PNL era também um estudo de comunicação e começaram a comercializá-la como uma ferramenta de negócios, afirmando que, "se algum ser humano pode fazer alguma coisa, você também pode" [20]. Depois de 150 estudantes terem pago $1.000 cada um por um seminário de dez dias em Santa Cruz, Califórnia, Bandler e Grinder abandonaram a escrita académica e produziram livros populares a partir de transcrições de seminários, tais como Frogs into Princes, que venderam mais de 270.000 exemplares. De acordo com documentos judiciais relacionados com uma disputa de propriedade intelectual entre Bandler e Grinder, Bandler fez mais de $800.000 em 1980 a partir de workshop e venda de livros [20].

Uma comunidade de psicoterapeutas e estudantes começou a formar-se em torno dos trabalhos iniciais de Bandler e Grinder, levando ao crescimento e propagação da PNL como teoria e prática [31]. Por exemplo, Tony Robbinstraining com Grinder e utilizou algumas ideias de PNL como parte dos seus próprios programas de auto-ajuda e de fala motivacional [32]. Bandler liderou vários esforços infrutíferos para excluir outras partes da utilização da NLP [33]. Entretanto, o número crescente de praticantes e teóricos levou a que a PNL se tornasse ainda menos uniforme do que era na sua fundação [17]. Antes do declínio da PNL, os investigadores científicos começaram a testar empiricamente os seus sub-pincípios teóricos, com a investigação a indicar uma falta de apoio empírico às teorias essenciais da PNL [13]. Os anos 90 caracterizaram-se por menos estudos científicos avaliando os métodos da PNL do que na década anterior. Tomasz Witkowski atribui isto a um interesse decrescente no debate como resultado de uma falta de apoio empírico à PNL por parte dos seus proponentes [13].

1.3. Principais Componentes e Conceitos Essenciais

A PNL pode ser entendida em termos de três grandes componentes e dos conceitos centrais que lhes dizem respeito:

- Subjectividade. De acordo com Bandler e Grinder:
  - Experimentamos o mundo subjectivamente, criando assim representações subjectivas da nossa experiência. Estas representações subjectivas da experiência são constituídas em termos de cinco sentidos e linguagem. Ou seja, a nossa experiência subjectiva consciente é em termos dos sentidos tradicionais da visão, audição, táctica, olfacto e gustação de tal forma que quando - por exemplo - ensaiamos uma actividade "na nossa cabeça", recordamos um evento ou antecipamos o futuro "ver" imagens, "ouvir" sons, "provar" sabores, "sentir" sensações tácteis, "cheirar" odores e pensar em alguma linguagem (natural) [34]. Além disso, afirma-se que estas representações subjectivas da experiência têm uma estrutura discernível, um padrão. É neste sentido que a PNL é por vezes definida como o estudo da estrutura da experiência subjectiva [2].
  - O comportamento pode ser descrito e compreendido em termos destas representações subjectivas baseadas no sentido. O comportamento é amplamente concebido para incluir comunicação verbal e não verbal, comportamento incompetente, maladaptativo ou "patológico", bem como comportamento eficaz ou habilidoso [35].
  - O comportamento (em si mesmo e noutros) pode ser modificado através da manipulação destas representações subjectivas baseadas no sentido [36, 93-95, 24, 16].
- Consciência. A PNL é baseada na noção de que a consciência é bifurcada num componente consciente e num componente inconsciente. Essas representações subjectivas que ocorrem fora da consciência de um indivíduo compreendem o que é referido como a "mente inconsciente" [2].
- Aprendizagem. A PNL utiliza um método imitativo de aprendizagem - denominado modelagem - que se afirma ser capaz de codificar e reproduzir a perícia de um exemplar em qualquer domínio de actividade. Uma parte importante do processo de codificação é uma descrição da sequência das representações sensoriais/linguísticas da experiência subjectiva do exemplar durante a execução da perícia [2, 7, 16, 37].

1.4. Técnicas ou Conjunto de Práticas

De acordo com um estudo de Steinbach [38], uma interacção clássica em PNL pode ser entendida em termos de várias fases principais, incluindo o estabelecimento de relações, a recolha de informação sobre um estado mental problemático e objectivos desejados, a utilização de ferramentas e técnicas específicas para fazer inter-venções, e a integração das mudanças propostas na vida do cliente. Todo o processo é orientado pelas respostas não-verbais do cliente [38]. A primeira é o acto de estabelecer e manter a relação entre o praticante e o cliente, que é alcançada através da estimulação e liderança do comportamento verbal (por exemplo, previsões sensoriais e palavras-chave) e não-verbal (por exemplo, correspondência e espelhamento do comportamento não-verbal, ou resposta aos movimentos oculares) do cliente [16].

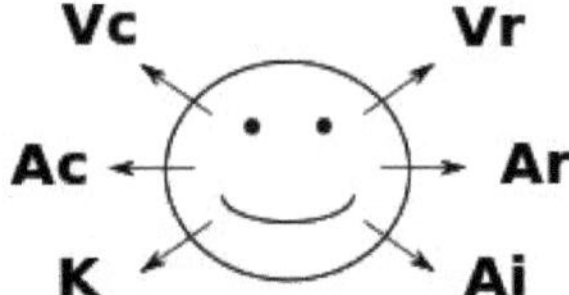

Um "gráfico de acesso ocular" como aparece como exemplo em Bandler & Grinder's Frogs into Princes (1979). As seis direcções representam "construção visual", "recordação visual", "construção auditiva", "recordação auditiva", "cinestésico" e " diálogo interno auditivo".

Uma vez estabelecido o relacionamento, o profissional pode recolher informações (por exemplo, utilizando as perguntas do Meta-Modelo) sobre os estados actuais do cliente, bem como ajudar o cliente a definir um estado ou objectivo desejado para a interacção. O praticante presta especial atenção às respostas verbais e não verbais, uma vez que o cliente define o estado actual e o estado desejado e quaisquer "recursos" que possam ser necessários para colmatar a lacuna [38]. O cliente é tipicamente encorajado a considerar as consequências do resultado desejado, e como estas podem afectar a sua vida pessoal ou profissional e as suas relações, tendo em conta quaisquer intenções positivas de quaisquer problemas que possam surgir (i.e. verificação ecológica) [38]. Em quarto lugar, o profissional ajuda o cliente a alcançar os resultados desejados, utilizando certas ferramentas e técnicas para mudar as representações internas e as respostas aos estímulos no mundo [39, 40]. Por fim, as mudanças são "a passos largos", ajudando o cliente a ensaiar mentalmente e a integrar as mudanças na sua vida [38]. Por exemplo, pode ser pedido ao cliente para "entrar no futuro" e representar (mentalmente ver, ouvir e sentir) como é já ter alcançado o resultado.

De acordo com Stollznow, "a PNL também envolve a análise do discurso marginal e linhas-guia "práticas" para uma comunicação "melhorada". Por exemplo, um texto afirma "quando se adopta a palavra "mas", as pessoas lembrar-se-ão do que disse depois. Com a palavra "e", as pessoas lembrar-se-ão do que disseste antes e depois" [17].

1.5. Aplicações

1.5.1. Medicina alternativa

O PNL foi promovido com alegações de que pode ser utilizado para tratar uma variedade de doenças, incluindo a doença de Parkinson, VIH/SIDA e cancro [41]. Tais alegações não têm qualquer evidência médica de apoio [41]. As pessoas que utilizam a PNL como forma de tratamento correm o risco de graves consequências adversas para a saúde, pois pode atrasar a prestação de cuidados médicos eficazes [41].

1.5.2. Psicoterapêutica

Os primeiros livros sobre PNL tinham um foco psicoterapêutico dado que os primeiros modelos eram psicoterapeutas. Como abordagem à psicoterapia, a PNL partilha pressupostos centrais e fundamentos semelhantes em comum com algumas práticas breves e sistémicas contemporâneas [42-44], tais como a terapia breve centrada na solução [45, 46]. A PNL também foi reconhecida como tendo influenciado estas práticas [44, 47] com as suas técnicas de reenquadramento [48, 49], que procura alcançar uma mudança de comportamento através da mudança do seu contexto ou significado [50], por exemplo, encontrando a conotação positiva de um pensamento ou comportamento.

Os dois principais usos terapêuticos da PNL são, em primeiro lugar, como adjunto dos terapeutas [51] que praticam noutras disciplinas terapêuticas e, em segundo lugar, como terapia específica chamada Psicoterapia Neurolinguística [52].

De acordo com Stollznow, "As famosas rãs Bandler e Grinder em Princes e os seus outros livros vangloriam-se de que a PNL é uma cura - tudo que trata uma vasta gama de condições físicas e mentais e dificuldades de aprendizagem, incluindo epilepsia, miopia e dislexia. Com as suas promessas de cura da esquizofrenia, depressão e distúrbio de stress pós-traumático, e a sua rejeição das doenças psiquiátricas como psicossomáticas, a PNL partilha semelhanças com Scientology e a Comissão dos Cidadãos para os Direitos Humanos (CCHR)"[17]. Uma revisão sistemática dos estudos experimentais por Sturt et al. (2012) concluiu que "há poucas provas de que as intervenções da PNL melhorem os resultados relacionados com a saúde" [53]. Na sua revisão da PNL, Stephen Briers escreve, "a PNL não é realmente uma terapia coesiva, mas um saco de técnicas diferentes sem uma base teórica particularmente clara. [e a sua] base de evidência é virtualmente inexistente" [54]. Eisner escreve, "a PNL parece ser uma abordagem superficial e habilidosa para lidar com problemas de saúde mental. Infelizmente, a PNL parece ser a primeira de uma longa linha de seminários de marketing de massa que pretendem curar virtualmente qualquer distúrbio mental...parece que a PNL não tem qualquer apoio empírico ou científico quanto aos princípios subjacentes à sua teoria ou eficácia clínica. O que resta é um serviço de marketing em massa de psychopablum" [55].

André Muller Weitzenhoffer - um amigo e colega de Milton Erickson - escreveu: "Será que a NLP realmente abstraiu e explicou a essência da terapia bem sucedida e forneceu a todos os meios para serem outro Whittaker, Virginia Satir, ou Erickson?... [A falha da NLP] em fazer isto é evidente porque hoje em dia não há uma multidão dos seus iguais, nem mesmo outro Whittaker, Virginia Satir, ou Erickson. Dez anos deveriam ter sido tempo suficiente para que isto acontecesse. Nesta perspectiva, não posso levar a sério as contribuições da NLP [NLP] para a nossa compreensão e utilização das técnicas Ericksonianas são igualmente duvidosas [26].

O psicólogo clínico Stephen Briers questiona o valor da máxima da PNL - uma pressuposição no jargão da PNL - "não há falhas, apenas feedback" [56]. Briers argumenta que a negação da existência do fracasso diminui o seu valor instrutivo. Oferece Walt Disney, Isaac Newton e J.K. Rowling como três exemplos de inequívocos fracassos pessoais reconhecidos que serviram de impulso para um grande sucesso. De acordo com Briers, foi "o tipo de fracasso do crash-and-burn, não o sanitizado NLP Failure Lite, ou seja, o fracasso - que não é realmente um fracasso" que impulsionou estes indivíduos para o sucesso. Briers argumenta que a adesão à máxima leva à auto-depreciação. De acordo com Briers, o esforço pessoal é um produto de valores e aspirações investidas e a rejeição do fracasso pessoal significativo, uma vez que o mero feedback denigre efectivamente o que se valoriza. Briers escreve: "Por vezes temos de aceitar e lamentar a morte dos nossos sonhos, e não apenas rejeitá-los casualmente como inconsequentes". Briers afirma também que a máxima da NLP é narcisista, egocêntrica e divorciada das noções de responsabilidade moral [57].

1.6. Outros usos

Embora as técnicas nucleares originais da PNL fossem terapêuticas na orientação, a sua natureza genérica permitiu a sua aplicação a outros campos. Estas aplicações incluem persuasão [33], vendas [58], negociação [59], formação em gestão [60], desporto [61], ensino, treino, formação de equipas, falar em público, e no processo de contratação de empregados [62].

1.7. Crítica científica

No início da década de 1980, a PNL foi anunciada como um avanço importante em psicoterapia e aconselhamento, e atraiu algum interesse na investigação de aconselhamento e psicologia clínica. No entanto, como os ensaios controlados não conseguiram demonstrar qualquer benefício da PNL e os seus defensores fizeram alegações cada vez mais duvidosas, o interesse científico pela PNL desvaneceu-se [63, 64].

Numerosas revisões de literatura e meta-análises não conseguiram mostrar provas dos pressupostos ou da eficácia da PNL como método terapêutico. Embora alguns profissionais de PNL tenham argumentado que a falta de apoio empírico se deve à insuficiente investigação que testa a PNL,a opinião científica consensual é que a PNL é pseudociência e que as tentativas de rejeitar os resultados da investigação com base nestes argumentos "[constituem] uma admissão de que a PNL não tem uma base de evidência e que os profissionais de PNL procuram uma credibilidade post-hoc "[81, 82].

Inquéritos na comunidade académica mostraram que a PNL é amplamente desacreditada entre os cientistas. Entre as razões para considerar a PNL uma pseudociência estão que as provas a seu favor se limitam a anedotas e testemunhos pessoais [22]. 86], que não é informada pela compreensão científica da neurociência e da linguística [22, 87] e que o nome "programação neuro-linguística" utiliza palavras em jargão para impressionar os leitores e ofuscar ideias, enquanto que a PNL em si não relaciona nenhum fenómeno com estruturas neurais e nada tem em comum com a linguística ou a programação [13, 77, 88, 89].

1.8. Como quase-religião

Os sociólogos e antropólogos - entre outros - classificaram a PNL como uma quase-religião pertencente à Nova Era e/ou aos Movimentos do Potencial Humano [91-100]. O antropólogo médico Jean M. Langford categoriza a PNL como uma forma de magia popular; ou seja, uma prática com eficácia simbólica - em oposição à eficácia física - que é capaz de efectuar mudanças através de efeitos não específicos (por exemplo, placebo). Para Langford, a PNL é semelhante a uma religião sincrética "que tenta casar a magia da prática popular com a ciência da medicina profissional" [101]. Bandler e Grinder foram e continuam a ser [102, 103]) influenciados pelo xamanismo descrito nos livros de Carlos Castaneda. Várias ideias e técnicas foram emprestadas de Castaneda e incorporadas na PNL, incluindo a chamada "dupla indução"[19]and a noção de "parar o mundo" [104] que é central para a modelação da PNL. Tye (1994) [86] caracteriza a PNL como um tipo de "psicofamanismo". Fanthorpe e Fanthorpe (2008) [105] vêem uma semelhança entre o procedimento mimético e a intenção da modelagem de PNL e aspectos de ritual em algumas religiões sincréticas. Hunt (2003) [91] faz uma comparação entre a preocupação com a linhagem de um guru de PNL - que é evidente entre alguns proponentes da PNL - e a preocupação com a linhagem de guru em algumas religiões orientais.

Em Aupers e Houtman (2010) [95] Bovbjerg identifica a PNL como uma "psico-religião" da Nova Era e usa a PNL como um estudo de caso para demonstrar a tese de que as psico-religiões da Nova Era como a PNL são baseadas numa ideia intrinsecamente religiosa, nomeadamente a preocupação com uma "outra" transcendente. Nas fés monoteístas do mundo, argumenta Bovbjerg, o objectivo da prática religiosa é a comunhão e comunhão com um "outro" transcendente, ou seja, um Deus. Com as psico-religiões da Nova Era, argumenta Bovbjerg, esta orientação para um "outro" transcendente persiste, mas o "outro" tornou-se "o outro em nós", o chamado "inconsciente": "A vida interior do indivíduo torna-se o foco intangível das práticas [psico-religiosas] e o subconsciente torna-se uma parte constituinte da compreensão do Eu por parte dos indivíduos modernos" [106]. Bovbjerg acrescenta: "Cursos de desenvolvimento pessoal não fariam sentido sem um inconsciente que contém recursos ocultos e conhecimento oculto do Eu". "Assim, a prática psico-religiosa gira em torno de ideias do Eu consciente e inconsciente e a comunicação e o acesso aos recursos ocultos do Eu inconsciente - o "outro" transcendente. De acordo com Bovbjerg, a noção de que temos um eu inconsciente está subjacente a muitas técnicas de PNL, explícita ou implicitamente. Bovbjerg argumenta, "Através de práticas particulares, o praticante psico-religioso espera alcançar a auto-perfeição numa transformação sem fim do eu".

A crítica secular de Bovbjerg à PNL tem eco na perspectiva cristã conservadora da Nova Era, representada por Jeremias (1995) [107] que argumenta, "A 'transformação' recomendada pelos fundadores e líderes destes seminários empresariais [como a PNL] tem implicações espirituais que um não cristão ou um novo crente pode não reconhecer. A crença de que os seres humanos podem mudar a si próprios invocando o poder (ou deus) dentro ou o seu próprio potencial humano infinito é uma contradição da visão cristã. A Bíblia diz que o homem é um pecador e é salvo apenas pela graça de Deus.

1.9. Litígios de Propriedade Intelectual

No final de 1980, a colaboração entre Bandler e Grinder terminou [20]. A 25 de Setembro de 1981, o Bandler instaurou uma acção civil contra a Grinder e a sua empresa, solicitando uma medida cautelar e indemnizações pela actividade comercial da Grinder em relação à NLP. A 29 de Outubro de 1981, foi proferida sentença a favor da Bandler [108]. Como parte de um acordo de acordo, o Bandler concedeu à Grinder uma licença limitada de 10 anos para realizar seminários de PNL, oferecer certificação em PNL e utilizar o nome PNL na condição de que os royalties dos ganhos dos seminários fossem pagos ao Bandler. Em Julho de 1996 e Janeiro de 1997, o Bandler instaurou mais duas acções civis contra a Grinder e a sua empresa, numerosas outras figuras proeminentes da PNL e mais 200 pessoas inicialmente sem nome. O Bandler alegou que a Grinder tinha violado os termos do acordo de resolução alcançado no caso inicial e tinha sofrido danos comerciais em resultado das actividades comerciais alegadamente ilegais dos arguidos. O Bandler procurou obter de cada arguido danos não inferiores a 10.000.000,00 USD [109, 110]. Em Fevereiro de 2000, o Tribunal condenou o Bandler, declarando que "o Bandler tem apresentado ao público, através do seu acordo de licenciamento e material promocional, que é o proprietário exclusivo de todos os direitos de propriedade intelectual associados à PNL, e mantém a autoridade exclusiva para determinar a adesão e certificação na Sociedade de PNL" [111, 112].

Sobre este assunto Stollznow [17] comentou em 2010, "ironicamente, Bandler e Grinder rivalizaram nos anos 80 sobre disputas de marcas e teorias. Dizendo, nenhum dos seus

inúmeros modelos, pilares e princípios de PNL ajudou estes fundadores a resolver os seus conflitos pessoais e profissionais".
Em Dezembro de 1997, Tony Clarkson instaurou um processo civil contra Bandler para que a marca Bandler do Reino Unido da NLP fosse revogada. O Tribunal decidiu a favor da Clarkson; a marca registada do Bandler foi subsequentemente revogada [113, 114].

No final de 2000, Bandler e Grinder entraram num comunicado onde concordaram, entre outras coisas, que "são os co-criadores e co-fundadores da tecnologia da Programação Neuro-linguística" e "concordam mutuamente em abster-se de depreciar os esforços um do outro, de qualquer forma, no que diz respeito ao seu respectivo envolvimento no campo da Programação Neuro-linguística" [115].

Como consequência destas disputas e acordos, os nomes PNL e Programação Neuro-linguística não são propriedade de nenhuma das partes e não há restrições a qualquer parte que ofereça certificação PNL [116-120].

1.10. Associações, Certificação, e Normas de Praticante

Os nomes PNL e Programação Neuro-linguística não são propriedade de qualquer pessoa ou organização, não são propriedade intelectual registada [121, 122] e não existe uma autoridade reguladora central para a instrução e certificação de PNL [119, 120]. Não existe qualquer restrição sobre quem se pode descrever a si próprio como um Master Practitioner de PNL ou Master Trainer de PNL e existe uma multiplicidade de associações certificadoras [81]; isto levou Devilly (2005) a descrever tais associações de formação e certificação como granfalloons, ou seja, associações orgulhosas e sem sentido de seres humanos [63].

Há uma grande variação na profundidade e amplitude da formação e dos padrões dos praticantes, e alguma discordância entre aqueles no terreno sobre quais os padrões que são, ou não são, NLP [123]. A PNL é um campo aberto de formação sem melhores práticas "oficiais". Com diferentes autores, formadores individuais e profissionais tendo desenvolvido os seus próprios métodos, conceitos e rótulos, muitas vezes rotulando-os como PNL [30], os padrões e a qualidade da formação diferem muito [124]. Em 2009, um apresentador de televisão britânico pôde registar o seu gato de estimação como membro do British Board of Neuro Linguistic Programming (BBNLP), que posteriormente alegou que existia apenas para proporcionar benefícios aos seus membros e não para certificar as credenciais [125].

1.11. Referências

[1]. Tosey, Paul; Mathison, Jane. "Introducing Neuro-Linguistic Programming" (Introdução à Programação Neuro-Linguística). Centro de Management Learning & Development, Escola de Gestão, Universidade de Surrey. Arquivado a 3 de Janeiro de 2019. Recuperado a 12 de Setembro de 2019.

[2]. Dilts, Robert; Grinder, John; Bandler, Richard; Bandler, Leslie C.; DeLozier, Judith Califórnia: Meta Publications. ISBN 978-0-916990-07-7.

[3]. Pickersgill, G. "Dr Richard Bandler on Healing - por Gina Pickersgill". Vida NLP

Formação. A Corporação Best You. Arquivada a 1 de Março de 2012. Recuperado a 8 de Agosto de 2013.
[4]. Grinder, John; Bandler, Richard (1981).
Connirae Andreas (ed.). Moab: Real People Press.
[5]. Arquivado no arquivo Ghost e na Wayback Machine: Bandler, Richard (2008).
O que é a NLP?.NLP Life. Recuperado a 1 de Junho de 2013.
[6]. Grinder, John; Bostic St. Clair, Carmen (2001). "Capítulo 4: Antecedentes pessoais de NLP". Sussurro no Vento. J & C Enterprises. ISBN 978-0-9717223-0-9.
[7]. Bandler, Richard; Grinder, John (1975). The Structure of Magic I: Um livro sobre Linguagem e Terapia. Science and Behavior Books Inc. (Ciência e Comportamento Livros Inc.). ISBN 978-0-8314-0044-6.
[8]. Bandler, Richard (1993). Hora de uma mudança. Meta Pubns. ISBN 978-0-916990-28-2.
[9]. Dowlen, Ashley (1 de Janeiro de 1996). "NLP - ajuda ou hype? Investigar os usos do neuro...
programação linguística na aprendizagem de gestão". Desenvolvimento de Carreira Intr. 1 (1): 27–34.
[10]. Bergen, C. W.; et al. (1997). "Selected alternative training techniques in HRD". Humano
Trimestral de Desenvolvimento de Recursos. 8 (4): 281–94.
[11]. Thyer, Bruce A.; Pignotti, Monica G. (15 de Maio de 2015).
Ciência e Pseudosciência na Prática do Trabalho Social. Springer Publishing Company. pp.
56–57, 165–67. ISBN 978-0-8261-7769-8.
[12]. Sharpley, Christopher F. (1 de Janeiro de 1987). "Conclusões da investigação em neuro-linguística
programação: Dados sem suporte ou uma teoria não testada"...Journal of Counseling Psicologia. 34 (1): 103–07.
[13]. Witkowski, Tomasz (1 de Janeiro de 2010). Boletim Psicológico Polaco. 41 (2).
[14]. Druckman, Daniel(1 de Novembro de 2004). "Sê Tudo o Que Podes Ser: Melhorar o Ser Humano
Desempenho". Journal of Applied Social Psychology". 34 (11): 2234–60.
[15]. Grinder, John; Bostic St. Clair, Carmen (2001). "Capítulo 2: Terminologia". Sussurrando em
o Vento. J & C Enterprises. ISBN 978-0-9717223-0-9.
[16]. Bandler, Richard; Grinder, John (1979). Andreas, Steve (ed.).
Rãs para príncipes: Programação Neurolingüística(1st ed.). Utah: Real People Press. ISBN 978-0-911226-19-5.
[17]. Stollznow, Karen (2010). "Not-so Linguistic Programming" (Programação não tão linguística). Céptico. 15 (4): 7.
Recuperado a 1 de Junho de 2013.
[18]. Acorda, Lisa (2008). Psicoterapia neuro-linguística: uma perspectiva pós-moderna. Londres:
Routledge. ISBN 978-0-415-42541-4.
[19]. McClendon, Terrence L. (1989). The Wild Days. NLP 1972-1981 (1st ed.).
ISBN 978-0-916990-23-7.
[20]. Clancy, Frank; Yorkshire, Heidi (1989). "The Bandler Method". Revista Mother Jones. 14 (2): 26. ISSN 0362-8841. Recuperado a 24 de Maio de 2013.
[21]. John Grinder, Suzette Elgin (1973). "A Guide to Transformational Grammar: History", Teoria, Prática". Holt, Rinehart e Winston. ISBN 0-03-080126-5. Revisado por Frank

H. Nuessel, Jr.The Modern Language Journal, Vol. 58, No. 5/6 (Sept. - Out. 1974), pp. 282–83[

[22]. E. Jane Bradley; Biedermann, Heinz-Joachim (1 de Janeiro de 1985). "Bandler e Grinder's programação neuro-linguística: O seu contexto histórico e a sua contribuição". Psicoterapia: Teoria, Investigação, Prática, Formação. 22 (1): 59–62. ISSN 0033-3204.

[23]. Spitzer, Robert (1992). "Virginia Satir & Origins of NLP". Anchor Point Magazine (Julho). Recuperado a 5 de Junho de 2013.

[24]. Bandler, Richard; Grinder, John (1985). "Appendix II Hypnotic Language Patterns": O Milton-Model". Em Andreas, Connirae (ed.). Trance-formations". Real People Press". ISBN 978-0-911226-22-5.

[25]. Mercer, Jean (2015). "Terapias controversas". Em Cautin, Robin L.; Lilienfeld, Scott O. (eds.). The Encyclopedia of Clinical Psychology, Volume II.John Wiley & Sons.p. 759. ISBN 978-0-4706-7127-6.

[26]. Muller Weitzenhoffer, André (1989). "Capítulo 8 Hipnotismo Ericksoniano": A Interpretação Bandler/Grinder". A Prática de Hipnotismo Volume 2: Aplicações do Hipnotismo Tradicional e Semi-Tradicional. Não Hipnotismo Tradicional (1st ed.). Nova Iorque: John Wiley & Sons, Inc. ISBN 978-0-471-62168-3.

[27]. Bandler, Richard (1997). "Grupo de Seminários de PNL - Perguntas Frequentes". PNL Grupo de Seminários. Grupo de Seminários de PNL. Arquivados a 22 de Junho de 2013. Recuperado a 8 de Agosto 2013.

[28]. Grinder, John; Bostic St. Clair (2001). Sussurrando ao Vento. J & C Enterprises. ISBN 978-0-9717223-0-9.

[29]. Grinder, John (Julho de 1996). "1996 Entrevista com John Grinder PhD, co-criador da NLP". Inspirador. Entrevista por Chris Collingwood e Jules Collingwood. Inspirador. Arquivado a 28 de Abril de 2013. Recuperado a 8 de Agosto de 2013.

[30]. Carroll, RT (23 de Fevereiro de 2009). "Programação Neuro-linguística (PNL)". O Dicionário do Céptico. Recuperado a 25 de Junho de 2009.

[31]. Hadnagy, Christopher; Wilson, Paul (21 de Dezembro de 2010). Engenharia Social.John Wiley & Sons Inc. ISBN978-0-470-63953-5. Recuperado a 24 de Maio de 2013.

[32]. Salerno, Steve (2006). Sham: How the Self-Help Movement Made America Helpless. Crown Publishing Group. ISBN 978-1-4000-5410-7.

[33]. Druckman, Daniel; John A. Swets (1988). "Enhancing human performance": Questões, teorias, e técnicas". Desenvolvimento de Recursos Humanos Trimestralmente. 1 (2): 202–06.

[34]. Grinder, John; Bandler, Richard (1976). The Structure of Magic II (1st ed.). Califórnia: Science and Behavior Books. pp. 3 - 8. ISBN 978-0-8314-0049-1.

[35]. Grinder, John; Bandler, Richard (1977). Padrões das Técnicas Hipnóticas de Milton H. Erickson: Volume 2 (1st ed.). Meta Publicações. pp. 11 - 19. ISBN 978-1-55552-053-3.

[36]. Hall, L. Michael; Belnap, Barbara P. (2000) [1999]. The Sourcebook of Magic: A Guia abrangente da Tecnologia da PNL (1st ed.). País de Gales: Casa da Coroa Publishing Limited. ISBN 978-1-899836-22-2.

[37]. Moedor, John; Bostic St Clair, Carmen (2001). Whispering in the Wind (1st ed.). John Moedor & Carmen Bostic, pp. 1, 10, 28, 34, 189, 227 - 28. ISBN 978-0-9717223-0-9. Arquivado a 20 de Novembro de 2013. Recuperado a 10 de Agosto de 2013.
[38]. Steinbach, A. (1984). "Programação neuro-linguística: uma abordagem sistemática à mudança". Médico de Família Canadiano, 30, 147 - 50. PMC 2153995.
[39]. Bandler, 1984. pp. 134-37
[40]. Masters, B; Rawlins, M; Rawlins, L; Weidner, J (1991). "O padrão de NLP swish": Uma técnica visualizadora inovadora". Journal of Mental Health Aconselhamento. 13 (1): 79–90.
[41]. Russell J; Rovere A, eds. (2009). "Programação neuro-linguística". Cancro americano Society Complete Guide to Complementary and Alternative Cancer Therapies (2nd ed.). American Cancer Society.pp. 120 - 22. ISBN 9780944235713.
[42]. Rubin Battino (2002) Expectativa: O Livro Muito Breve da Terapia. Casa da Coroa Publicação. ISBN 1-84590-028-6
[43]. Kerry, S. (2009) Expectativas de pré-tratamento de clientes de psicoterapia, Universidade de Alberta (Canadá)
[44]. Beyebach M.; Rodríguez Morejón A. (1999). "Algumas reflexões sobre a integração em solução... terapia focalizada". Journal of Systemic Therapies". 18: 24–42.
[45]. Bill O'Connell (2005) Solution-focused therapy (Brief therapy series). Sábio; Segundo Edição p. 9
[46]. Windy Dryden (2007) Dryden's handbook of individual therapy. 5ª edição. Sábio. ISBN 1-4129-2238-0p. 382.
[47]. Pesut, Daniel J. (1 de Janeiro de 1991). "A arte, ciência, e técnicas de reenquadramento em enfermagem psiquiátrica de saúde mental". Questões em Enfermagem de Saúde Mental. 12 (1): 9 - 18.
[48]. Maag John W (1999). "Porque dizem não: Precisões fundamentais e técnicas para gerir a resistência". Foco sobre Crianças Excepcionais. 32: 1.Arquivado em 17 de Abril de 2012. Recuperado em 27 de Maio de 2012.
[49]. Maag John W (2000). "Gerir a resistência". Intervenção na Escola e na Clínica. 35 (3): 3.
[50]. Bandler & Grinder 1982 como citado pela Maag 1999, 2000
[51]. Campo, E. S. (1990). "Programação neuro-linguística como coadjuvante de outros intervenções psicoterapêuticas/hipnoterapeuticas". The American Journal of Clinical Hipnose. 32 (3): 174–82.
[52]. Bridoux, D., Weaver, M., (2000) "Neuro-linguistic psychotherapy". Davies, Dominic (Ed); Neal, Charles (Ed). (pp. 73-90). Buckingham, Inglaterra: Open University Press (2000) xviii, 187 pp. ISBN 0-335-20333-7.
[53]. Sturt, Jackie; et al. (2012). "Programação neuro-linguística: uma revisão sistemática dos efeitos sobre os resultados em matéria de saúde". British Journal of General Practice. 62 (604): e757–64.
[54]. Briers, Stephen (27 de Dezembro de 2012).

Brilhante Terapia Cognitiva Comportamental: Como usar a CBT para melhorar a sua mente e a sua vida.
Pearson UK. p. 15. ISBN 978-0-273-77849-3
[55]. Donald A. Eisner (2000). A Morte da Psicoterapia: De Freud a raptos alienígenas. Greenwood Publishing Group. pp. 158-59. ISBN 978-0-275-96413-9.
[56]. Dilts, Robert; DeLozier, Judith (2000).
Enciclopédia de Programação Neuro-Linguística Sistémica e Nova Codificação PNL (1st ed.).
Santa Cruz: NLP University Press. p. 1002. ISBN 978-0-9701540-0-2. Arquivado em 21
Setembro de 2013. Recuperado a 16 de Julho de 2013.
[57]. Briers, Stephen (2012). "MITO 16: Não há falhas, apenas feedback". Psicopedagogia": Explodir os mitos da geração da auto-ajuda (1st ed.). Santa Cruz: Educação Pearson Limitada. ISBN 978-0-273-77239-2.
[58]. Zastrow, C. (1990). "Social Workers and Salesworkers". Jornal de Trabalhadores Sociais Independentes
Trabalho. 4 (3): 7–16.
[59]. Tosey P. & Mathison, J., "Fabulous Creatures of HRD: A Criaturas Fabulosas de HRD: A Critical Natural History of
Neuro-Linguistic Programming", University of Surrey Paper apresentado no 8 th
Conferência Internacional sobre Investigação e Prática de Desenvolvimento de Recursos Humanos em
Europa, Oxford Brookes Business School, 26-28 de Junho de 2007
[60]. Yemm, Graham (1 de Janeiro de 2006). "Pode a PNL ajudar ou prejudicar o seu negócio?".Industrial e
Formação Comercial. 38 (1): 12–17.
[61]. Ingalls, Joan S. (1988) "Cognição e comportamento atlético: Uma investigação sobre a PNL
princípio da congruência". Dissertação Abstracts International. Vol 48(7-B), p. 2090. OCLC42614014
[62]. "Explicação da programação neuro-linguística (PNL)". IONOS Startupguide.recuperada a 4 de Abril
2022.
[63]. Devilly, Grant J. (1 de Junho de 2005). "Power Therapies and possible threats to the science of
psicologia e psiquiatria". Australian and New Zealand Journal of Psychiatry". 39 (6): 437 - 45.
[64]. Gelso, C J; Fassinger, R E (1 de Janeiro de 1990). "Psicologia de Aconselhamento": Teoria e
Research on Interventions".Annual Review of Psychology.41 (1): 355 - 86.
[65]. Sharpley, Christopher F. (1984). "Predicar a correspondência em PNL: uma revisão da investigação sobre o
sistema de representação preferido". Journal of Counseling Psychology". 31 (2): 238 - 48.
[66]. Escombreira. M., (1988). Programação neuro-linguística: Um veredicto provisório. Arquivado a 15 de Junho
2007 na Wayback Machine. Em M. Heap (Ed.) Hypnosis: Clínica actual, Experimental e Práticas Forenses. Londres: Croom Helm, pp. 268-80.
[67]. Einspruch, Eric L.; Forman, Bruce D. (1985). "Observações relativas à literatura da investigação

sobre programação neuro-linguística". Journal of Counseling Psychology". 32 (4): 589 - 96.
[68]. Murray, Laura L. (30 de Maio de 2013).
"Provas limitadas de que a programação neuro-linguística melhora os resultados relacionados com a saúde".
Saúde Mental Baseada em Evidências. 16 (3): 79.
[69]. "Programação e Investigação Neuro-Linguística". Arquivado a 3 de Janeiro de 2019. Recuperado em
22 de Fevereiro de 2010.
[70]. Tosey, P.; Mathison, J. (2010). Investigação Qualitativa em Organizações e Gestão. 5: 63 - 82. Arquivado a 19 de Julho de 2018. Recuperado a 28 de Janeiro de 2019.
[71]. Beyerstein, B.L (1990). "Brainscams": Neuromythologies of the New Age". International [71].
Journal of Mental Health. 19 (3): 27 - 36 (27).
[72]. Corballis, Michael C. (2012). "Capítulo 13 Pensamento duplo educativo". Em Della Sala,
Sergio; Anderson, Mike (eds.). Neurociência na Educação: O bom, o mau, e o feio (1st ed.). Oxford: Oxford University Press. pp. 225. ISBN 978-0-19-960049-6
[73]. Cantora, Margaret&Lalich, Janja (1997).
Terapias Loucas: O que são elas? Será que funcionam? Jossey Bass, pp. 167 (169). ISBN 0-7879-0278-0.
[74]. (Eds.) Lilienfeld, S., Lynn, S., & Lohr, J. (2004). Ciência e Pseudo-ciência na Clínica Psicologia. A Imprensa Guilford.
[75]. Della Sala, Sergio (2007).
"Introdução: O mito de 10% e outros Contos Altos sobre a mente e o cérebro".
Contos altos sobre a mente e o cérebro: Facto Separado da Ficção (1st ed.). Oxford: Oxford University Press. p. xx. ISBN 978-0-19-856876-6.
[76]. William F. Williams, ed. (2000), Fitzroy Dearborn Publishers, ISBN 978-1-57958-207-4
p. 235
[77]. Lum.C (2001). Scientific Thinking in Speech and Language Therapy.Psychology Press.p.
16. ISBN 978-0-8058-4029-2.
[78]. Lilienfeld, S.; et al. (1 de Julho de 2001). "The Teaching of Courses in the Science and Pseudociência da Psicologia: Recursos Úteis". Ensino de Psicologia. 28 (3): 182 - 91.
[79]. Dunn D, Halonen J, Smith R (2008). Teaching Critical Thinking in Psychology.Wiley-Blackwell. p. 12. ISBN 978-1-4051-7402-2.
[80]. Harris, Lauren Julius (1988).
"Capítulo 8 Formação Cerebro-Direito": Reflexões Especialização Hemisférica à Educação".
Lateralização do cérebro em crianças: Implicações para o desenvolvimento (1st ed.). Nova Iorque:
Guilford Press. p. 214. ISBN 978-0-89862-719-0.
[81]. Roderique-Davies, G. (2009). "Programação neuro-linguística": Psicologia do culto da carga?".
Journal of Applied Research in Higher Education. 1 (2): 58 - 63
[82]. Rowan, John (Dezembro de 2008). "A PNL não se baseia no construtivismo". O Coaching
Psicólogo .4 (3). ISSN 1748-1104.

[83]. Norcross, John C.; Koocher, Gerald P.; Garofalo, Ariele (1 de Janeiro de 2006). "Tratamentos e testes psicológicos desacreditados: Uma sondagem Delphi". Psicologia Profissional:
Investigação e Prática. 37 (5): 515 - 22.
[84]. Norcross, J. C.; et al. (2010). "What Does Not Work? Consenso dos peritos sobre os desacreditados
Tratamentos nos vícios". Journal of Addiction Medicine". 4 (3): 174- 180.
[85]. Glasner-Edwards, Suzette; Rawson, Richard (2010).
"Práticas baseadas em provas no tratamento da toxicodependência": Revisão e política pública".
Política de Saúde. 97 (2 - 3): 93 - 104.
[86]. Tye, Marcus J.C. (1994). "Programação neurolinguística": Magia ou mito?". Diário de
Aprendizagem e Ensino Acelerados. 19 (3 - 4): 309 - 42. ISSN 0273-2459.2003-01157-001.
[87]. Levelt, Willem J.M (1996). "u voor neuro-linguistische programmering". Skepter 9 (3).
[88]. Corballis, M.C. (1999). "Será que estamos no nosso perfeito juízo?". Em S.D. Sala (ed.). Mitos da Mente:
Exploring Popular Assumptions About the Mind and Brain (Repr. ed.). Chichester, Reino Unido:
John Wiley & Sons. p. 41. ISBN 978-0-471-98303-3.
[89]. Drenth, Pieter J.D (2003).
"Growing anti-intelectualism in Europe; a menace to science" Studia Psychologica, 45: 5-
13. Arquivado a 16 de Junho de 2011.
[90]. Weisberg, D. S.; Keil, F. C.; Goodstein, J.; Rawson, E.; Gray, J. R. (2008).
"O Sedutor de Explicações Neurocientíficas". Diário de Cognitivo
Neurociência. 20 (3): 47.
[91]. Hunt, Stephen J. (2003). Religiões alternativas: Uma Introdução Sociológica. Hampshire:
Ashgate Publishing Ltd. ISBN 978-0-7546-3410-2.
[92]. Barrett, David V. (1998). Seitas, Cultos e Religiões Alternativas: Livro fonte. Singapura:
Blandford Press. ISBN 9780713727562.
[93]. Whiworth, B. (2003). New Age Encyclopedia: Uma Mente, Corpo, Espírito Guia de Referência.
Nova Jersey: Nova Página Livros. ISBN 978-1-56414-640-3.
[94]. Kemp, Daren; Lewis, James R., eds. (2007). Handbook of New Age.Brill Handbooks on
Religião Contemporânea (1st ed.). Leiden: Brill. ISBN 9789004153554. ISSN1874-6691.
[95]. Aupers, Stef; Houtman, Dick, eds. (2010).
Religiões da Modernidade: Relocalização do Sagrado para o Eu e para o Digital. Internacional
Estudos em Religião e Sociedade (1st ed.). Leiden: Brill. pp. 115-32. ISBN 9789004184510.
[96]. Hammer, O. et al. (2012). O Companheiro de Cambridge nos Novos Movimentos Religiosos
(1st ed.). Cambridge: Cambridge University Press. p. 247. ISBN 978-0-521-14565-7.
[97]. Cresswell, Jamie; Wilson, Bryan, eds. (1999).

Novos Movimentos Religiosos: Desafio e Resposta (1st ed.). Londres: Routledge, p. 64.
ISBN 978-0-415-20049-3.
[98]. Edwards, L. (2001). Um Breve Guia de Crenças: Ideias, Teologia e Movimentos (1st ed.).
Kentucky: Westminster John Knox Press, p. 573. ISBN978-0-664-22259-8.
[99]. Walker, James K. (2007). The Concise Guide to Today's Religions and Spirituality (Guia conciso das religiões e Espiritualidade de hoje)
(1st ed.). Oregon: Harvest House Pubslishers, p. 235. ISBN 978-0-7369-2011-7.
[100]. Clarke, Peter B., ed. (2006). Encyclopedia of New Religious Movements (1st ed.). Londres:
Routledge. pp. 440–41. ISBN 978-0-203-48433-3.
[101]. Langford, Jean M. (Fevereiro de 1999). "Medical Mimesis: Sinais de Cura de um Cosmopolita
"Quack"". Etnólogo Americano. 26 (1): 24–46.
[102]. Grinder, John; DeLozier, Judith (1987).
Tartarugas até ao fim: Pré-requisitos para o génio pessoal (1st ed.). Califórnia: Moedor & Associados. ISBN 978-1-55552-022-9.
[103]. Grinder, John; Bostic St. Clair (2001). "Capítulo 3: O Novo Código". Sussurrando no Vento. J & C Enterprises. p. 174. ISBN 978-0-9717223-0-9
[104]. Grimley, B. (2013). Teoria e Prática do Coaching de PNL: Uma Abordagem Psicológica.
Londres: Sage Publications Ltd. p. 31. ISBN 978-1-4462-0172-5.
[105]. Fanthorpe, Lionel; Fanthorpe, Patricia (2008).
Mistérios e Segredos do Voodoo, Santeria, e Obeah (1st ed.). Nova Jersey: Nova página Livros p. 112. ISBN 978-1-55002-784-6.
[106]. Bovbjerg, Kirsten Marie (1 de Maio de 2011).
"Desenvolvimento Pessoal em Condições de Mercado": Potencial Escondido do Indivíduo".
Journal of Contemporary Religion. 26 (2): 189–205. ISSN 1353-7903.
[107]. Jeremiah, David (1995)". Capítulo 9 Aquisições de Empresas". Invasão de Outros Deuses: O
Sedução da Espiritualidade da Nova Era. Grupo Editorial W. ISBN 978-0-8499-3987-7.
[108]. Not Ltd v. Unlimited Ltd et al (Super. Ct. Santa Cruz County, 1981, No. 78482) (Super.
Ct. Município de Santa Cruz, 29 de Outubro de 1981).
[109]. "Text of Bandler Lawsuit" (PDF). Recuperado em 12 de Junho de 2013.
[110]. "Resumo do Processo Jurídico Janeiro de 1997 - 23 de Junho de 2003". Recuperado a 12 de Junho
2013.
[111]. Richard W Bandler et al v. Quantum Leap Inc. et al (Super.Ct. Condado de Santa Cruz, 2000,
No. 132495) (Super. Ct. Condado de Santa Cruz 10 de Fevereiro de 2000). Texto
[112]. "NLP Matters 2". Arquivado em 10 de Fevereiro de 2001. Recuperado a 12 de Junho de 2013.
[113]. "Assuntos de PNL". Arquivado em 6 de Abril de 2001. Recuperado em 12 de Junho de 2013.
[114]. "Detalhes do caso para a marca UK00002067188". 13 de Junho de 2013. Recuperado a 25 de Julho de 2015.

[115]. Grinder, John; Bostic St. Clair (2001). "Apêndice A". Sussurro no Vento. J & C Empresas. ISBN 978-0-9717223-0-9.

[116]. Hall, L.Michael (20 de Setembro de 2010). "A acção judicial que quase matou a PNL". Arquivado em 27 de Junho de 2013. Recuperado a 12 de Junho de 2013.

[117]. "3.5. Quem é o dono da PNL?". Arquivos de PNL - Perguntas Frequentes sobre PNL. Arquivado a 24 de Junho de 2013. Recuperado a 12 de Junho de 2013.

[118]. "Esta página contém a decisão no caso de Richard Bandler contra a comunidade PNL". Arquivos de PNL - Perguntas Frequentes sobre PNL. Arquivado em 27 de Junho de 2013. Recuperado em 12 de Junho de 2013.

[119]. "75351747". Estado da marca e recuperação de documentos.Estados Unidos Patente e Gabinete de Marcas. 13 de Junho de 2013. Recuperado a 14 de Junho de 2013.

[120]. "73253122". Estado da marca e recuperação de documentos. Patente dos Estados Unidos e Gabinete de Marcas. 13 de Junho de 2013. Recuperado a 14 de Junho de 2013.

[121]. "NLP FAQ". 27 de Julho de 2001. Arquivado a 24 de Junho de 2013. Recuperado a 14 de Junho de 2013.

[122]. "NLP Comprehensive Lawsuit Response". Recuperado a 14 de Junho de 2013.

[123]. Irish National Center for Guidance in Education's "Guidance Counsellor's Handbook" [123].

[124]. Moxom, Karen (2011) "Três: Demonstrar as Melhores Práticas". O Profissional de PNL: Criar um negócio de PNL mais profissional, eficaz e bem sucedido (1st ed.). Herts: Ecademy Press. pp. 46–50. ISBN 978-1-907722-55-4.

[125]. "Gato registado como hipnoterapeuta". BBC. 12 de Outubro de 2009. Recuperado a 6 de Novembro de 2009.

Capítulo (2)
Neurónios

2.1. Prefácio

Um neurónio, neurónio, ou célula nervosa é uma célula electricamente excitável que comunica com outras células através de sinapses - ligações especializadas que normalmente utilizam quantidades mínimas de neurotransmissores para passar o sinal eléctrico do neurónio pré-sináptico para a célula alvo através do intervalo sináptico. O neurónio é o principal componente do tecido nervoso em todos os animais, excepto esponjas e placozoários. Os não animais como as plantas e os fungos não possuem células nervosas.

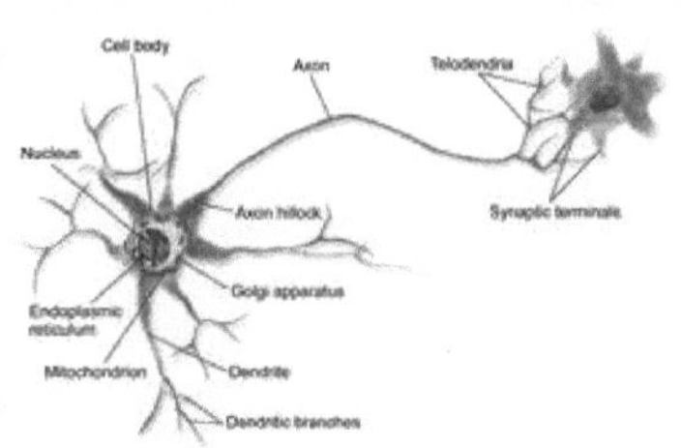

Anatomia de um neurónio multipolar

Os neurónios são tipicamente classificados em três tipos com base na sua função. Os neurónios sensoriais respondem a estímulos como o tacto, som, ou luz que afectam as células dos órgãos sensoriais, e enviam sinais para a medula espinal ou cérebro. Os neurónios motores recebem sinais do cérebro e da medula espinal para controlar tudo, desde as contracções musculares até à saída glandular. Os interneurónios ligam os neurónios a outros neurónios dentro da mesma região do cérebro ou da espinal-medula. Quando vários neurónios são ligados entre si, formam o que se chama um circuito neural.

Um neurónio típico consiste de um corpo celular (soma), dendritos, e um único axónio. O soma é uma estrutura compacta, e o axónio e os dendritos são filamentos extrudidos a partir do soma. Os dendritos tipicamente ramificam-se profusamente e estendem-se a algumas centenas de micrómetros a partir do soma. O axônio deixa o soma a um inchaço chamado axônio colina e viaja até 1 metro em humanos ou mais em outras espécies. Ramifica-se mas normalmente mantém um diâmetro constante. Na ponta mais distante dos ramos do axônio são terminais de axônio, onde o neurônio pode transmitir um sinal através da sinapse para outra célula. Os neurónios podem não ter dendritos ou não ter axónios. O termo neurite é utilizado para descrever um dendrito ou um axônio, particularmente quando a célula é indiferenciada.

A maioria dos neurónios recebe sinais através dos dendritos e soma e envia sinais através do axônio. Na maioria das sinapses, os sinais cruzam-se do axónio de um neurónio para um dendrito de outro. No entanto, as sinapses podem ligar um axónio a outro axónio ou um dendrito a outro dendrito.

O processo de sinalização é em parte eléctrico e em parte químico. Os neurónios são electricamente excitáveis, devido à manutenção de gradientes de tensão através das suas membranas. Se a voltagem mudar em quantidade suficiente durante um curto intervalo, o neurónio gera um impulso electroquímico tudo ou nada, chamado potencial de acção. Este potencial viaja rapidamente ao longo do axónio e das ligações sinápticas acti-vates à medida que as atinge. Os sinais sinápticos podem ser excitatórios ou inibitórios, aumentando ou reduzindo a tensão da rede que atinge o soma.

Na maioria dos casos, os neurónios são gerados por células estaminais neuronais durante o desenvolvimento cerebral e a infância. A neurogénese cessa em grande parte durante a idade adulta na maioria das áreas do cérebro.

2.2. Sistema Nervoso

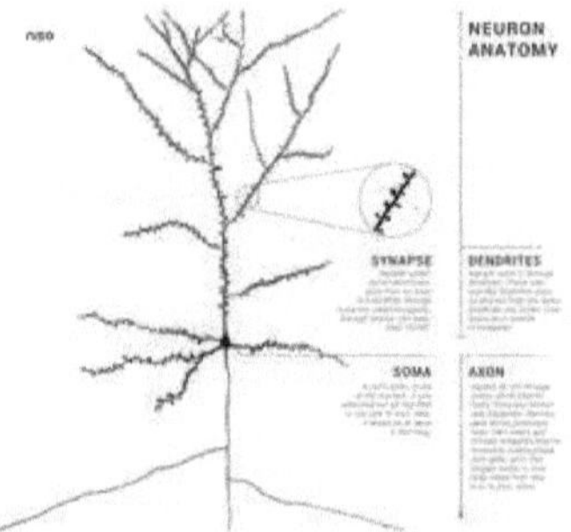

Esquema de um único neurónio piramidal anatomicamente preciso, o neurónio excitatório primário do córtex cerebral, com um sináptico ligação de um axão de entrada para uma coluna dendrítica

Os neurónios são os componentes primários do sistema nervoso, juntamente com as células gliais que lhes dão apoio estrutural e metabólico [1]. O sistema nervoso é constituído pelo sistema nervoso central, que inclui o cérebro e a medula espinal, e o sistema nervoso periférico, que inclui o sistema nervoso autonómico e somático [2]. Nos vertebrados, a maioria dos neurónios pertence ao sistema nervoso central, mas alguns residem em gânglios periféricos, e muitos neurónios sensoriais estão situados em órgãos sensoriais como a retina e a cóclea.

Axons podem agrupar-se em fascículos que compõem os nervos do sistema nervoso periférico (como cordões de fios de arame que compõem os cabos). Os feixes de axónios no sistema nervoso central são chamados tractos.

2.3. Anatomia e Histologia

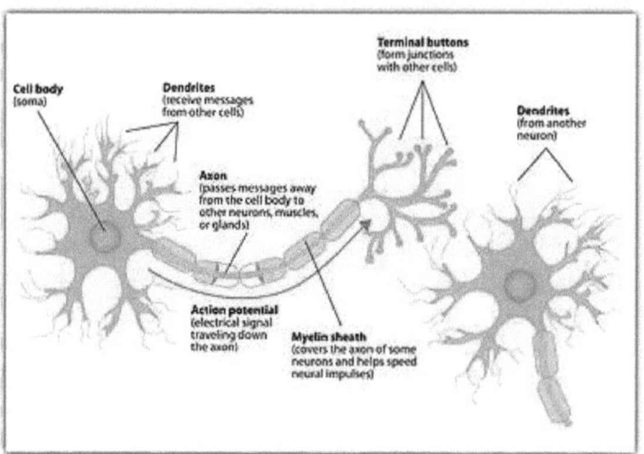

Diagrama dos componentes de um neurónio

Os neurónios são altamente especializados para o processamento e transmissão de sinais celulares. Dada a sua diversidade de funções desempenhadas em diferentes partes do sistema nervoso, existe uma grande variedade na sua forma, tamanho, e propriedades electroquímicas. Por exemplo, o soma de um neurónio pode variar de 4 a 100 micrómetros de diâmetro [3]:

- O soma é o corpo do neurónio. Uma vez que contém o núcleo, a maior parte da síntese proteica ocorre aqui. O núcleo pode variar de 3 a 18 micrómetros de diâmetro [4].
- Os dendritos de um neurónio são extensões celulares com muitos ramos. Esta forma geral e estrutura são referidas metaforicamente como uma árvore dendrítica. É aqui que a maior parte da entrada do neurónio ocorre através da espinha dendrítica.
- O axônio é uma projeção mais fina, semelhante a um cabo que pode estender-se dezenas, centenas, ou mesmo dezenas de milhares de vezes o diâmetro do soma em comprimento. O axônio transporta principalmente sinais nervosos para longe do soma e transporta alguns tipos de informação de volta para ele. Muitos neurónios têm apenas um axónio, mas este axónio pode - e normalmente irá - ter uma ramificação extensa, permitindo a comunicação com muitas células alvo. A parte do axônio onde emerge do soma é chamada de axônio colina. Além de ser uma estrutura anatómica, o axon hillock tem também a maior densidade de canais de sódio dependentes de tensão. Isto torna-o a parte mais facilmente excitada do neurónio e a zona de iniciação de espigões para o axónio. Em termos electrofisiológicos, tem o potencial de limiar mais negativo.
  - Enquanto o axon e o axon hillock estão geralmente envolvidos no fluxo de informação, esta região pode também receber a entrada de outros neurónios.
- O terminal axon encontra-se no fim do axon mais afastado do soma e contém sinapses. Os boutons sinápticos são estruturas especializadas onde são libertados químicos neuro-transmissores para comunicar com os neurónios alvo. Além dos boutons sinápticos no terminal axon, um neurónio pode ter boutons en passant, que se encontram ao longo do comprimento do axon.

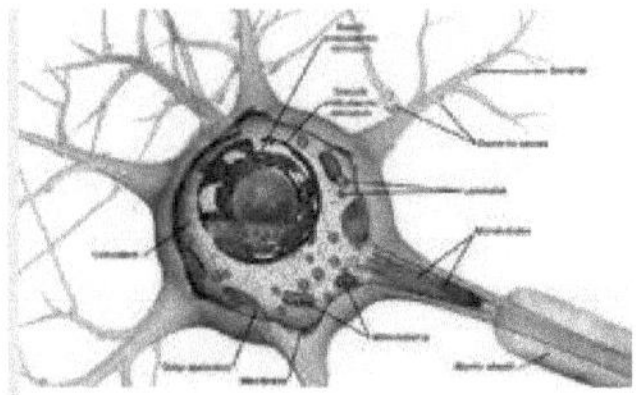

Corpo celular de neurónios

A visão aceite do neurónio atribui funções dedicadas aos seus vários componentes anatómicos; contudo, os dendritos e axónios actuam frequentemente de formas contrárias à sua chamada função principal [5].

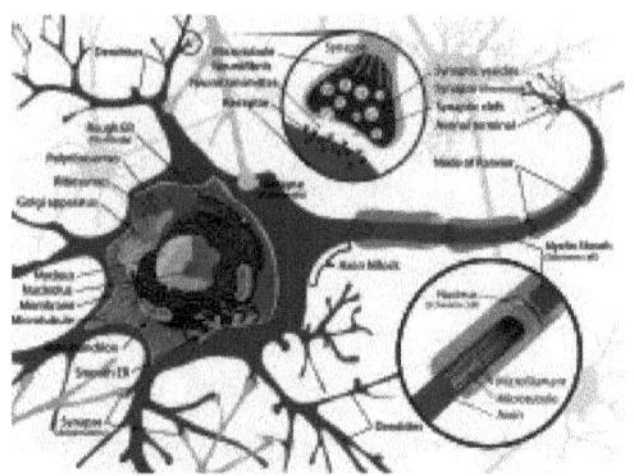

Diagrama de um típico neurónio motor mielinizado de vertebrados

Os axónios e dendritos no sistema nervoso central têm normalmente apenas cerca de um micrómetro de espessura, enquanto alguns no sistema nervoso periférico são muito mais espessos. O soma tem normalmente cerca de 10-25 micrómetros de diâmetro e muitas vezes não é muito maior do que o núcleo celular que contém. O axônio mais longo de um neurônio motor humano pode ter mais de um metro de comprimento, alcançando desde a base da coluna vertebral até aos dedos dos pés.

Os neurónios sensoriais podem ter axónios que vão dos dedos dos pés à coluna vertebral posterior da medula espinal, mais de 1,5 metros em adultos. As girafas têm axónios únicos de vários metros de comprimento que percorrem todo o comprimento do pescoço. Muito do que se sabe sobre a função axonal vem do estudo do axônio gigante lula, uma preparação experimental ideal devido ao seu tamanho relativamente imenso (0,5-1 milímetro de espessura, vários centímetros de comprimento).

Os neurónios totalmente diferenciados são permanentemente pós-mitóticos [6], contudo, as células estaminais presentes no cérebro adulto podem regenerar neurónios funcionais ao longo da vida de um organismo. Os astrócitos são células gliais em forma de estrela. Foram observados a transformarem-se em neurónios em virtude da sua característica de células estaminais em forma de células estaminais de pluripotência.

2.4. Membrana

Como todas as células animais, o corpo celular de cada neurónio é encerrado por uma membrana plasmática, um bocal de moléculas lipídicas com muitos tipos de estruturas proteicas nele embutidas [7]. Um bocal lipídico é um poderoso isolador eléctrico, mas nos neurónios, muitas das estruturas proteicas incrustadas na membrana são electricamente activas. Estas incluem canais iónicos que permitem que os iões carregados electricamente circulem através da membrana e bombas iónicas que transportam quimicamente os iões de um lado da membrana para o outro. A maioria dos canais de iões são permeáveis apenas a tipos específicos de iões. Alguns canais de iões são fechados por portas de tensão, o que significa que podem ser comutados entre os estados aberto e fechado, alterando a diferença de tensão através da membrana. Outros são quimicamente fechados, o que significa que podem ser comutados entre os estados aberto e fechado através de interacções com produtos químicos que se difundem através do fluido extracelular. Os materiais iónicos incluem sódio, potássio, cloreto, e cálcio. As interacções entre os canais iónicos e as bombas iónicas produzem uma diferença de voltagem através da membrana, tipicamente um pouco menos de 1/10 de volts na linha de base. Esta voltagem tem duas funções: primeiro, fornece uma fonte de energia para um conjunto de maquinaria proteica de tensão-dependente que está embutida na membrana; segundo, fornece uma base para a transmissão de sinal eléctrico entre diferentes partes da membrana.

2.5. Histologia e Estrutura Interna

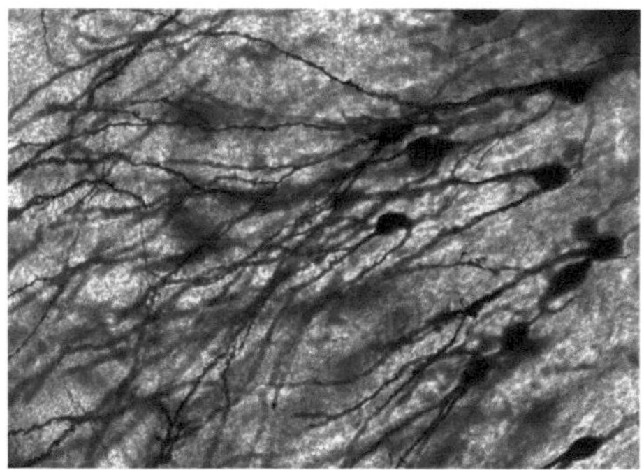

Neurónios com manchas Golgi em tecido hipocampal humano

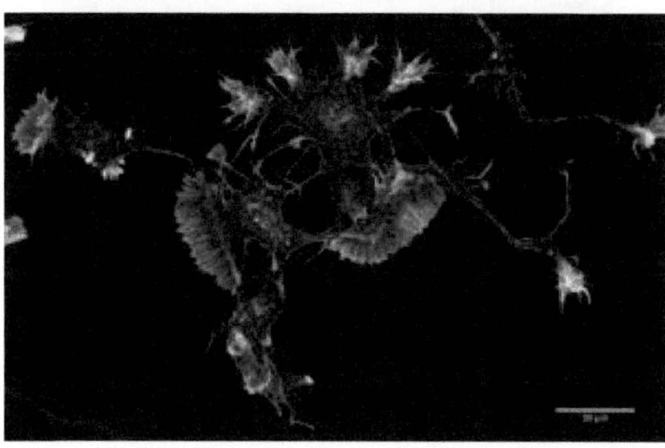

Filamentos de actina num neurónio cortical de rato em cultura

Numerosos tufos microscópicos chamados corpos Nissl (ou substância Nissl) são vistos quando os corpos de células nervosas são corados com um corante basofílico ("base-loving").

Estas estruturas consistem em retículo endoplasmático rugoso e RNA ribossómico associado. Com o nome do psiquiatra e neuropatologista alemão Franz Nissl (1860-1919), estão envolvidos na síntese de proteínas e o seu destaque pode ser explicado pelo facto de as células nervosas serem muito metabolicamente activas. Corantes basofílicos como a anilina ou (fracamente) hematoxilina [8] destacam componentes com carga negativa, e assim ligam-se à espinha dorsal fosfática do RNA ribossómico.

O corpo celular de um neurónio é suportado por uma rede complexa de proteínas estruturais chamadas neurofilamentos, que juntamente com os neurotubos (microtubos neuronais) são montados em neurofibrilhas maiores [9]. Alguns neurónios também contêm grânulos de pigmento, como a neuromelanina (um pigmento preto acastanhado que é subproduto da síntese de catecolaminas), e a lipofuscina (um pigmento castanho-amarelado), ambos se acumulam com a idade [10-12]. Outras proteínas estruturais que são importantes para a função neuronal são a actina e a tubulina dos microtubos. A classe III β-tubulina é encontrada quase exclusivamente nos neurónios. A actina é predominantemente encontrada nas pontas dos axónios e dendritos durante o desenvolvimento neuronal. Aí a dinâmica da actina pode ser modulada através de uma interacção com os microtubulos [13].

Existem diferentes características estruturais internas entre axónios e dendritos. Os axónios típicos quase nunca contêm ribossomas, excepto alguns no segmento inicial. Os dendritos contêm retículo endoplasmático granular ou ribossomas, em quantidades decrescentes à medida que a distância do corpo celular aumenta.

2.6. Classificação

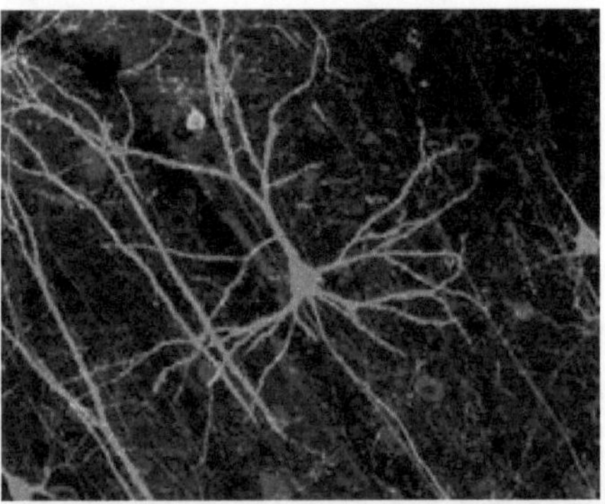

Imagem de neurónios piramidais no córtex cerebral do rato expressando proteína fluorescente verde. A coloração vermelha indica GABAergic interneurons [14].

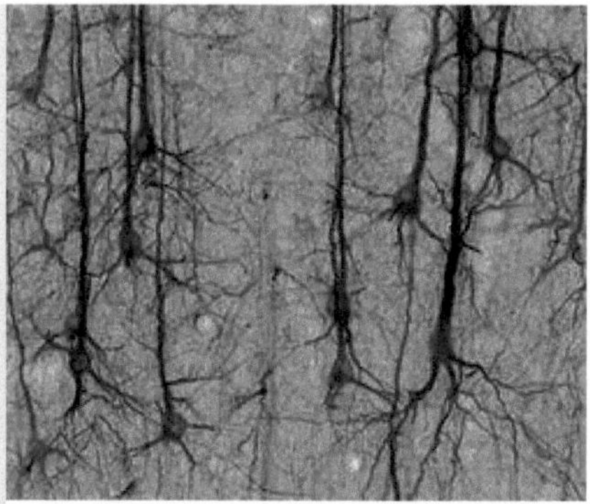

Neurónios piramidais manchados de SMI32 no córtex cerebral

Os neurónios variam em forma e tamanho e podem ser classificados pela sua morfologia e função [15]. O anatomista Camillo Golgi agrupou os neurónios em dois tipos; tipo I com axónios longos utilizados para mover sinais em longas distâncias e tipo II com axónios curtos, que muitas vezes podem ser confundidos com dendritos. As células do tipo I podem ser ainda classificadas pela localização do soma. A morfologia básica dos neurónios de tipo I, representados pelos neurónios motores espinais, consiste num corpo celular chamado soma e um axónio longo e fino coberto por uma bainha de mielina. A árvore dendrítica envolve o corpo celular e recebe sinais de outros neurónios. A extremidade do axónio tem terminais axonais ramificados que libertam neurotransmissores num espaço chamado fenda sináptica entre os terminais e os dendritos do neurónio seguinte.

2.6.1. Classificação Estrutural

2.6.1.1. Polaridade

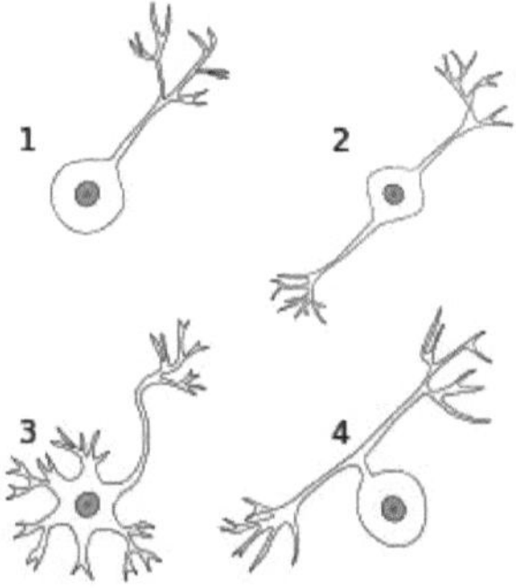

Diferentes tipos de neurónios:(1- neurónio unipolar, 2- neurónio bipolar 3- Neurónio multipolar e 4- Neurónio Pseudo-unipolar

A maioria dos neurónios pode ser anatomicamente caracterizada como:

- Unipolar: processo único
- Bipolar: 1 axon e 1 dendrite
- Multipolar: 1 axon e 2 ou mais dendritos
  - Golgi I: neurónios com processos axonais de longa projecção; exemplos são células piramidais, células de Purkinje, e células de corno anterior
  - Golgi II: neurónios cujo processo axonal projecta localmente; o melhor exemplo é a célula de grânulos.
- Anaxónico: onde o axônio não pode ser distinguido do(s) dendrito(s)
- Pseudo-unipolar: 1 processo que depois serve tanto de axão como de dendrito

2.6.1.2. Outros

Alguns tipos únicos de neurónios podem ser identificados de acordo com a sua localização no sistema nervoso e forma distinta. Alguns exemplos são:

- Células de cesto, interneurónios que formam um denso plexo de terminais em torno do somatório de células alvo, encontrados no córtex e no cerebelo
- Células de Betz, grandes neurónios motores
- Células de Lugaro, interneurónios do cerebelo
- Neurónios de espinhos médios, a maioria dos neurónios do corpus striatum
- Células de Purkinje, enormes neurónios no cerebelo, um tipo de neurónio Golgi I multipolar
- Células piramidais, neurónios com soma triangular, um tipo de Golgi I
- Células de Renshaw, neurónios com ambas as extremidades ligadas a neurónios motor alfa
- Células de escova unipolares, interneurónios com dendrito único terminando num tufo em forma de escova
- Células de grânulos, um tipo de neurónio Golgi II
- Células anteriores do chifre, neurónios moto-neurónios localizados na medula espinal
- Células fusiformes, interneurónios que ligam áreas do cérebro amplamente separadas

2.7. Classificação funcional

2.7.1. Sentido

- Os neurónios aferentes transmitem informação dos tecidos e órgãos para o sistema nervoso central e são também chamados de neurónios sensoriais.
- Os neurónios eferentes (neurónios motores) transmitem sinais do sistema nervoso central para as células eferentes.
- Os interneurónios ligam os neurónios dentro de regiões específicas do sistema nervoso central.
  Aferente e eferente também se referem geralmente aos neurónios que, respectivamente, trazem informação ou enviam informação do cérebro.

2.8. Acção sobre outros Neurónios

Um neurónio afecta outros neurónios ao libertar um neurotransmissor que se liga a receptores químicos. O efeito sobre o neurónio pós-sináptico é determinado pelo tipo de receptor que é activado, não pelo neurónio pré-sináptico ou pelo neurotransmissor. Um neurotransmissor pode ser pensado como uma chave, e um receptor como uma fechadura: o mesmo neurotransmissor pode activar múltiplos tipos de receptores. Os receptores podem ser classificados amplamente como excitatórios (causando um aumento na taxa de disparo), inibitórios (causando uma diminuição na taxa de disparo), ou modulatórios (causando efeitos duradouros não directamente relacionados com a taxa de disparo).

Os dois neurotransmissores mais comuns (90%+) no cérebro, o glutamato e o GABA, têm acções largamente consistentes. O glutamato actua sobre vários tipos de receptores, e tem efeitos que são excitatórios nos receptores ionotrópicos e um efeito modulatório nos receptores metabótropicos. Da mesma forma, GABA actua sobre vários tipos de receptores, mas todos eles têm efeitos inibitórios (em animais adultos, pelo menos). Devido a esta consistência, é comum os neurocientistas referirem-se às células que libertam glutamato como "neurónios excitatórios", e as células que libertam GABA como "neurónios inibitórios". Alguns outros tipos de neurónios têm efeitos consistentes, por exemplo, os neurónios motores "excitatórios" na medula espinal que libertam acetilcolina, e os neurónios espinais "inibidores" que libertam glicina.

A distinção entre neurotransmissores excitatórios e inibitórios não é absoluta. Pelo contrário, depende da classe de receptores químicos presentes no neurónio pós-sináptico. Em princípio, um único neurónio, libertando um único neurotransmissor, pode ter efeitos excitatórios sobre alguns alvos, efeitos inibitórios sobre outros, e efeitos modulatórios sobre outros ainda. Por exemplo, células fotorreceptoras na retina libertam constantemente o glutamato neurotransmissor na ausência de luz. As chamadas células bipolares OFF são, como a maioria dos neurónios, excitadas pelo glutamato libertado. No entanto, os neurónios-alvo vizinhos chamados ON células bipolares são inibidos pelo glutamato, porque carecem dos receptores típicos de glutamato ionotrópico e, em vez disso, expressam uma classe de receptores metabótropos inibidores do glutamato [16]. Quando a luz está presente, os fotorreceptores deixam de libertar glutamato, o que alivia as células bipolares ON da inibição, activando-as; isto remove simultaneamente a excitação das células bipolares OFF, silenciando-as.

É possível identificar o tipo de efeito inibitório que um neurónio pré-sináptico terá sobre um neurónio pós-sináptico, com base nas proteínas que o neurónio pré-sináptico exprime. Os neurónios parvalbumino-expressores tipicamente amortecem o sinal de saída do neurónio pós-sináptico no córtex visual, enquanto que os neurónios somatostatino-expressores tipicamente bloqueiam as entradas dendríticas no neurónio pós-sináptico [17].

2.9. Padrões de Descarga

Os neurónios têm propriedades electro-responsivas intrínsecas como os padrões oscilatórios de tensão transmembrana intrínseca [18]. Assim, os neurónios podem ser classificados de acordo com as suas características electrofisiológicas:

- Tónico ou spiking regular. Alguns neurónios são tipicamente constantemente (tonicamente) activos, tipicamente disparando a uma frequência constante. Exemplo: interneurónios em neurostriatum.
- Fásico ou estouro. Os neurónios que disparam em rajadas são chamados de fásicos.
- Rápido spiking. Alguns neurónios são notáveis pelas suas altas taxas de disparo, por exemplo, alguns tipos de interneurónios inibitórios corticais, células no globus pallidus, células de gânglios da retina [19, 20].

2.10. Neurotransmissor

Vesículas sinápticas contendo neurotransmissores

Os neuro-transmissores são mensageiros químicos passados de um neurónio para outro neurónio ou para uma célula muscular ou glândula celular.

- Neurónios colinérgicos - acetilcolina. A acetilcolina é libertada dos neurónios pré-sinápticos para a fenda sináptica. Actua como um ligando tanto para os canais de iões ligados como para os receptores metabótropicos (GPCRs) muscarínicos. Os receptores nicotínicos são canais de iões ligado-ligados pentamericanos compostos por subunidades alfa e beta que ligam a nicotina. A ligação ligante abre o canal causando o influxo de despolarização Na+ e aumenta a probabilidade de libertação de neurotransmissores pré-sinápticos. A acetilcolina é sintetizada a partir da colina e da coenzima A de acetilo.
- Neurónios adrenérgicos - noradrenalina. A noradrenalina (noradrenalina) é libertada pela maioria dos neurónios pós-ganglionares do sistema nervoso simpático em dois conjuntos de GPCR: adrenoceptores alfa e adrenoceptores beta. A noradrenalina é um dos três neurotransmissores comuns da catecolamina, e o mais prevalecente no sistema nervoso periférico; tal como acontece com outras catecolaminas, é sintetizada a partir da tirosina.
- Neurónios GABAergicos - ácido gama-aminobutírico. GABA é um dos dois neuro-inibidores do sistema nervoso central (SNC), juntamente com a glicina. GABA tem uma função homóloga ao ACh, canais de aniões que permitem que os iões Cl- entrem no neurónio pós-sináptico. Cl - causa hiperpolarização dentro do neurónio, diminuindo a probabilidade de um potencial de acção disparar à medida que a voltagem se torna mais negativa (para um potencial de acção disparar, deve ser atingido um limiar de voltagem positivo). GABA é sintetizado a partir dos neurotransmissores de glutamato pela enzima decarboxilase de glutamato.
- Neurónios glutamatérgicos - glutamato. O glutamato é um dos dois neurotransmissores de aminoácidos excitatórios primários, juntamente com o aspartato. Os receptores de glutamato são uma de quatro categorias, três das quais são canais de iões ligados e uma das quais é um receptor acoplado à proteína G (frequentemente referido como GPCR).
- Os receptores AMPA e Kainate funcionam como canais catiónicos permeáveis aos canais catiónicos Na+ mediando a rápida transmissão sináptica excitatória.
- Os receptores NMDA são outro canal catiónico que é mais permeável a Ca2+. A função dos receptores NMDA dependem da ligação do receptor de glicina como co-

agonista dentro do poro do canal. Os receptores NMDA não funcionam sem a presença de ambos os ligandos

- Receptores metabotropicos, GPCRs modulam a transmissão sináptica e a excitabilidade pós-sináptica.
- O glutamato pode causar excitotoxicidade quando o fluxo de sangue para o cérebro é interrompido, resultando em danos cerebrais. Quando o fluxo sanguíneo é suprimido, o glutamato é libertado pelos neurónios pré-sinápticos, causando uma maior activação dos receptores NMDA e AMPA do que o normal fora das condições de stress, levando a que Ca2+ e Na+ elevados entrem no neurónio pós-sináptico e danos celulares. O glutamato é sintetizado a partir do aminoácido glutamina pela enzima glutamato sintetase.
- Neurónios dopaminérgicos-dopamínicos. A dopamina é um neurotransmissor que actua sobre receptores do tipo D1 (D1 e D5) acoplados a Gs, que aumentam os receptores cAMP e PKA, e receptores do tipo D2 (D2, D3, e D4), que activam receptores acoplados a Gi que diminuem cAMP e PKA. A dopamina está ligada ao humor e comportamento e modula a neurotransmissão pré e pós-sináptica. A perda de neurónios dopaminérgicos na substantia nigra tem estado ligada à doença de Parkinson. A dopamina é sintetizada a partir do aminoácido tirosina. A tirosina é catalisada em levodopa (ou L-DOPA) pela tirosina hidroxlase, e a levodopa é então convertida em dopamina pelo aminoácido aromático decarboxilase.
- Neurónios serotonérgicos-serotonina. A serotonina (5-Hidroxitriptamina, 5-HT) pode actuar como excitadora ou inibitória. Das suas quatro classes de receptores de 5-HT, 3 são GPCR e 1 é um canal de catião ligeiro. A serotonina é sintetizada a partir de triptofano por triptofano hidroxilase, e depois por decarboxilase. A falta de 5-HT em neurónios pós-sinápticos tem estado ligada à depressão. Os medicamentos que bloqueiam o transportador pré-sináptico de serotonina são utilizados para tratamento, tais como Prozac e Zoloft.
- Neurónios purinérgicos-ATP. O ATP é um neuro-transmissor que actua em ambos os canais de iões ligados (receptores P2X) e receptores GPCRs (P2Y). O ATP é, no entanto, mais conhecido como um co-transmissor. Esta sinalização purinérgica também pode ser mediada por outros purines como a adenosina, que actua particularmente nos receptores P2Y.
- Neurónios histaminérgicos-histamínicos. A histamina é um neurotransmissor e neuromodulador monoaminérgico. Os neurónios produtores de histamina são encontrados no núcleo tuberomamilar do hipotálamo [21]. A histamina está envolvida na excitação e regulação dos comportamentos sono/vigília.

2.11. Classificação multi-modelo

Desde 2012 tem havido um empurrão da unidade de início da neurociência celular e computacional para se chegar a uma classificação universal de neurónios que se aplicará a todos os neurónios no cérebro, bem como a todas as espécies. Isto é feito considerando as três qualidades essenciais de todos os neurónios: electrofisiologia, morfologia, e o transcriptoma individual das células. Além de ser universal, esta classificação tem a vantagem de poder classificar também as astrocitos. Um método chamado Patch-Seq no qual as três qualidades podem ser medidas de uma só vez é amplamente utilizado pelo Instituto Allen para a Ciência do Cérebro [22].

2.11.1. Conectividade

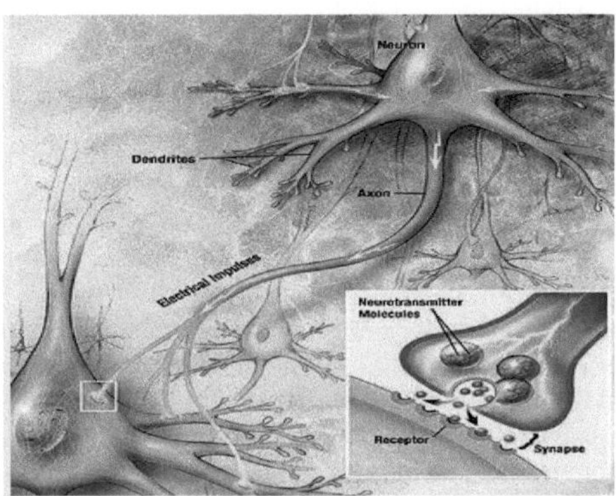

Um sinal que se propaga por um axônio até ao corpo celular e dendritos da célula seguinte

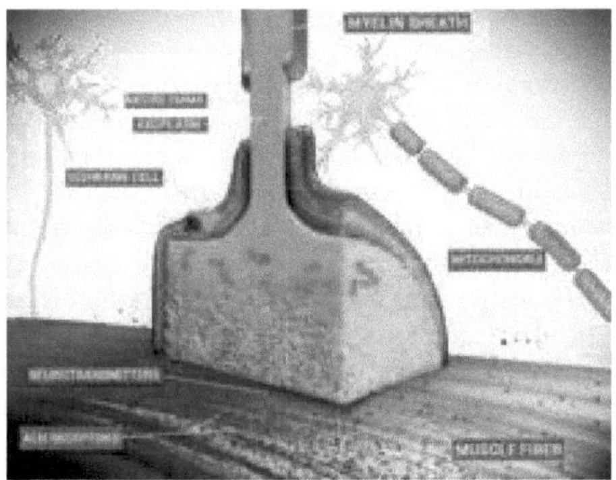

Sinapse química

Os neurónios comunicam entre si através de sinapses, onde ou o terminal axon de uma célula contacta com o dendrito de outro neurónio, soma ou, menos comumente, axon. Neurónios como as células de Purkinje no cerebelo podem ter mais de 1000 ramos dendríticos, fazendo ligações com dezenas de milhares de outras células; outros neurónios, como os neurónios magnocelulares do núcleo supra-óptico, têm apenas um ou dois dendritos, cada um dos quais recebe milhares de sinapses.

As sinapses podem ser excitatórias ou inibitórias, quer aumentando ou diminuindo a actividade no neurónio alvo, respectivamente. Alguns neurónios também comunicam através de sinapses eléctricas, que são junções directas, condutoras de electricidade entre células [23].

Quando um potencial de acção atinge o terminal axon, abre canais de cálcio em tensão, permitindo a entrada de iões de cálcio no terminal. O cálcio faz com que vesículas sinápticas preenchidas com moléculas neurotransmissoras se fundam com a membrana, libertando o seu conteúdo para a fenda sináptica. Os neurotransmissores difundem-se através da fenda sináptica e activam os receptores no neurónio pós-sináptico. O cálcio citosólico elevado no terminal axonal desencadeia a absorção de cálcio mitocondrial, que, por sua vez, activa o metabolismo da energia mitocondrial para produzir ATP para apoiar a neurotransmissão contínua [24].

O cérebro humano tem cerca de 8,6 x 1010 (oitenta e seis mil milhões) neurónios [25]. Cada neurónio tem em média 7.000 ligações sinápticas a outros neurónios. Estima-se que o cérebro de uma criança de três anos tem cerca de 1015 sinapses (1 quadrilião). Este número decresce com a idade, estabilizando por idade adulta. As estimativas variam para um adulto, variando de 1014 a 5 x 1014 sinapses (100 a 500 triliões) [26].

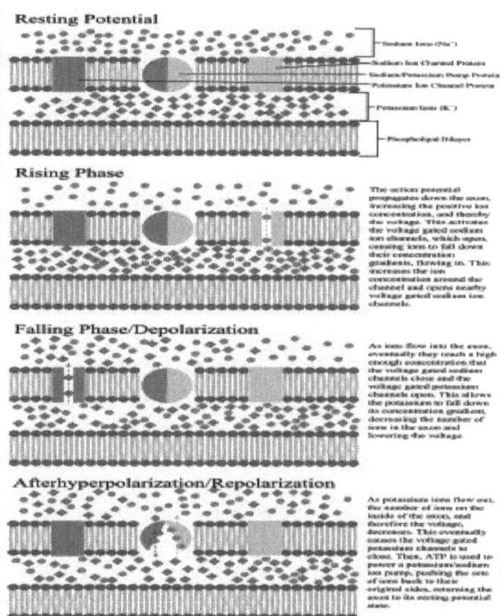

Um diagrama anotado das fases de um potencial de acção propagação de um axônio incluindo o papel do íon concentração e proteínas de bomba e canal

2.11.2. Sinalização não-eletroquímica

Para além da sinalização eléctrica e química, estudos sugerem que os neurónios em cérebros humanos saudáveis também podem comunicar através deles:

- força gerada pelo alargamento das espinhas dendríticas [27].
- a transferência de proteínas - proteínas transportadas transneuronalmente (TNTPs) [28,29].

Podem também ser modulados pela entrada do ambiente e hormonas libertadas de outras partes do organismo [30], que podem ser influenciadas mais ou menos directamente pelos neurónios. Isto também se aplica a neurotrofinas como a BDNF. O microbioma intestinal também está ligado ao cérebro [31]. Os neurónios também comunicam com a microglia, as principais células imunitárias do cérebro através de sítios de contacto especializados, chamados "junções somáticas". Estas ligações permitem à microglia monitorizar e regular constantemente as funções neuronais, e exercer neuroprotecção, quando necessário [32].

2.12. Mecanismos para a Propagação de Potenciais de Acção

Em 1937 John Zachary Young sugeriu que o axónio gigante lula poderia ser utilizado para estudar as propriedades eléctricas neuronais [33]. É maior que mas semelhante aos neurónios humanos, tornando mais fácil o estudo. Ao inserir eléctrodos nos axónios gigantes de lula, foram feitas medições precisas do potencial da membrana.

A membrana celular do axónio e do soma contém canais de iões em tensão que permitem ao neurónio gerar e propagar um sinal eléctrico (um potencial de acção). Alguns neurónios também geram oscilações do potencial da membrana do subthreshold. Estes sinais são gerados e propaga por iões portadores de carga incluindo sódio (Na+), potássio (K+), cloreto (Cl-), e cálcio (Ca2+).

Vários estímulos podem activar um neurónio levando à actividade eléctrica, incluindo pressão, estiramento, transmissores químicos, e alterações do potencial eléctrico através da membrana celular [34]. Os estímulos provocam a abertura de canais iónicos específicos dentro da membrana celular, levando a um fluxo de iões através da membrana celular, alterando o potencial da membrana. Os neurónios devem manter as propriedades eléctricas específicas que definem o seu tipo de neurónio [35].

Os neurónios e axónios finos requerem menos despesas metabólicas para produzir e transportar poten-tais de acção, mas os axónios mais grossos transmitem impulsos mais rapidamente. Para minimizar a despesa metabólica, mantendo a condução rápida, muitos neurónios têm bainhas isolantes de mielina à volta dos seus axónios. As bainhas são formadas por células gliais: oligodendrócitos no sistema nervoso central e células de Schwann no sistema nervoso periférico. A bainha permite que os potenciais de acção viajem mais rapidamente do que nos axónios não mielinizados do mesmo diâmetro, ao mesmo tempo que utiliza menos energia. A bainha de mielina em nervos periféricos corre normalmente ao longo do axónio em secções de cerca de 1 mm de comprimento, pontuadas por nós não aquecidos de Ranvier, que contêm uma alta densidade de canais iónicos de tensão. A esclerose múltipla é uma desordem neurológica que resulta da desmielinização dos axónios no sistema nervoso central.

Alguns neurónios não geram potenciais de acção, mas em vez disso geram um sinal eléctrico graduado, o que por sua vez provoca a libertação de neurotransmissores graduados. Tais neurónios não-spikking tendem a ser neurónios sensoriais ou interneurónios, porque não podem transportar sinais a longas distâncias.

2.13. Codificação neural

A codificação neural preocupa-se com a forma como a informação sensorial e outras informações são representadas no cérebro pelos neurónios. O principal objectivo do estudo da codificação neural é caracterizar a relação entre o estímulo e as respostas neuronais individuais ou do conjunto, e as relações entre as actividades eléctricas dos neurónios dentro do conjunto [36]. Pensa-se que os neurónios podem codificar tanto a informação digital como analógica [37].

2.14. Princípio tudo-ou-nenhuma

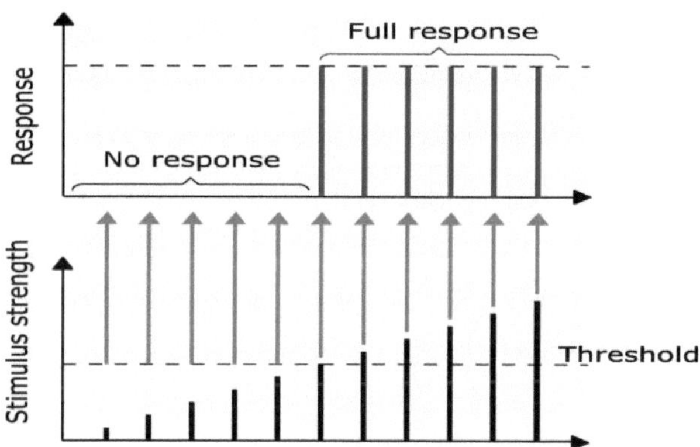

Desde que o estímulo atinja o limiar, a resposta completa será dada. Um estímulo maior não resulta numa resposta maior, e vice-versa [38].

A condução de impulsos nervosos é um exemplo de uma resposta "tudo ou nada". Por outras palavras, se um neurónio responde de todo, então deve responder completamente. Uma maior intensidade de estimulação, como uma imagem mais brilhante/som mais forte, não produz um sinal mais forte, mas pode aumentar a frequência de disparo [38].Os receptores reagem de diferentes formas aos estímulos. Os receptores tónicos ou de adaptação lenta respondem a estímulos estáveis e produzem uma taxa de disparo estável. Os receptores tónicos respondem mais frequentemente ao aumento da intensidade do estímulo, aumentando a sua frequência de disparo, geralmente como uma função de potência de estímulo traçada contra impulsos por segundo. Isto pode ser comparado a uma propriedade intrínseca da luz onde uma maior intensidade de uma frequência específica (cor) requer mais fotões, pois os fotões não se podem tornar "mais fortes" para uma frequência específica.

Outros tipos de receptores incluem receptores de adaptação rápida ou de fase, onde o disparo diminui ou pára com estímulo constante; exemplos incluem a pele que, quando tocada provoca o disparo dos neurónios, mas se o objecto mantém uma pressão uniforme, os neurónios param de disparar. Os neurónios da pele e músculos que reagem à pressão e vibração têm estruturas acessórias filtrantes que ajudam a sua função.

O corpúsculo paciniano é uma dessas estruturas. Tem camadas concêntricas como uma cebola, que se formam em torno do terminal axon. Quando é aplicada pressão e o corpúsculo é deformado, o estímulo mecânico é transferido para o axônio, que dispara. Se a pressão for constante, o estímulo termina; assim, tipicamente estes neurónios respondem com uma despolarização transitória durante a deformação inicial e novamente quando a pressão é removida, o que faz com que o corpúsculo mude de forma novamente. Outros tipos de adaptação são importantes para alargar a função de vários outros neurónios [39].

2.15. Etimologia e Ortografia

O anatomista alemão Heinrich Wilhelm Waldeyer introduziu o termo neurónio em 1891 [40], baseado no grego antigo νεῦρον neurónio 'sinew, cordão, nervo' [41].

A palavra foi adoptada em francês com o neurónio ortográfico. Esta ortografia foi também utilizada por muitos escritores em inglês [42], mas tornou-se agora rara no uso americano e pouco comum no uso britânico [43].

2.16. História

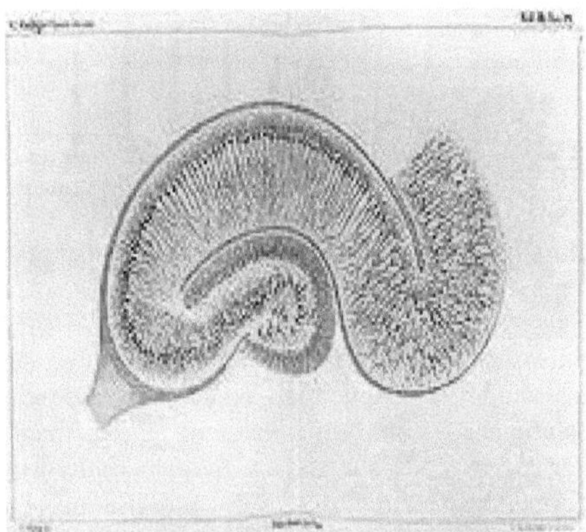

Desenho por Camillo Golgi de um hipocampo manchado utilizando o método do nitrato de prata.

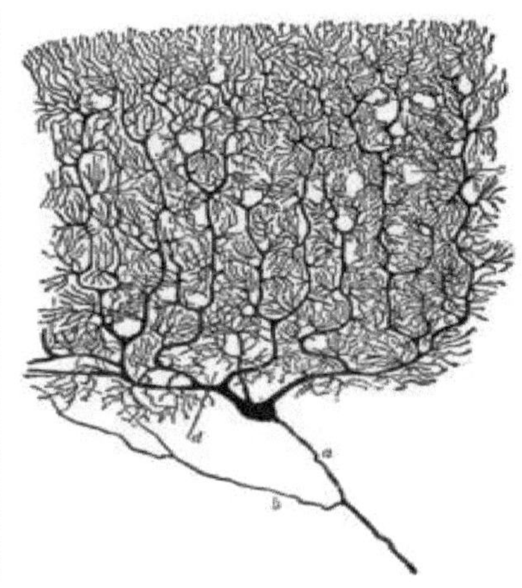

Desenho de uma célula de Purkinje no córtex cerebelar feito por Santiago Ramón y Cajal, demonstrando a capacidade do Golgi's método de coloração para revelar detalhes finos

O lugar do neurónio como principal unidade funcional do sistema nervoso foi reconhecido pela primeira vez no final do século 19th através do trabalho do anatomista espanhol Santiago Ramón y Cajal [44].
Para tornar visível a estrutura dos neurónios individuais, Ramón y Cajal melhorou um processo de coloração em prata que tinha sido desenvolvido por Camillo Golgi [44]. O processo melhorado envolve uma técnica chamada "impregnação dupla" e ainda está em uso.

Em 1888 Ramón y Cajal publicou um artigo sobre o cerebelo das aves. Neste artigo, declarou que não conseguia encontrar provas de anastomose entre axónios e dendritos e chamou a cada elemento nervoso "um cantão absolutamente autónomo" [44]. Isto ficou conhecido como a doutrina neuronal, um dos princípios centrais da neurociência moderna [44].

Em 1891, o anatomista alemão Heinrich Wilhelm Waldeyer escreveu uma revisão altamente influente da doutrina neuronal na qual introduziu o termo neurónio para descrever a unidade anatómica e fisiológica do sistema nervoso [45, 46].

As manchas de impregnação de prata são um método útil para investigações neuroanatómicas porque, por razões desconhecidas, mancha apenas uma pequena percentagem de células num tecido, expondo a microestrutura completa de neurónios individuais sem muita sobreposição de outras células [47].

2.17. Doutrina Neuronal

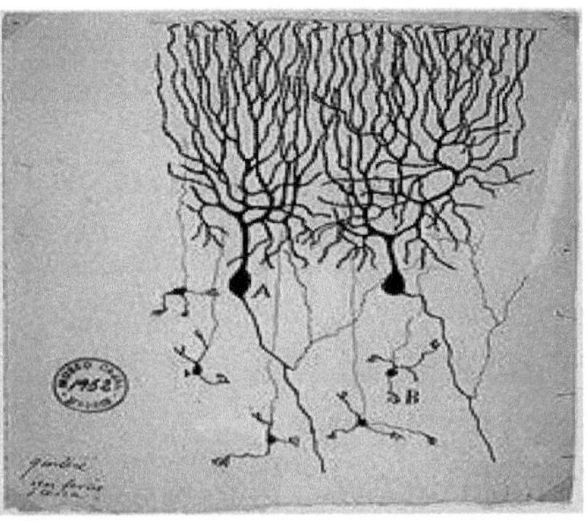

Desenho de neurónios no cerebelo do pombo, por neurocientista espanhol Santiago Ramón y Cajal em 1899. (A) denota células de Purkinje e (B) denota células de grânulos, ambas multipolares.

A doutrina dos neurónios é a ideia agora fundamental de que os neurónios são as unidades estruturais e funcionais básicas do sistema nervoso. A teoria foi apresentada por Santiago Ramón y Cajal no final do século XIX. Sustentava que os neurónios são células discretas (não ligadas numa malha), actuando como unidades metabolicamente distintas.

Descobertas posteriores resultaram em aperfeiçoamentos da doutrina. Por exemplo, as células glial, que são não neuronais, desempenham um papel essencial no processamento da informação [48]. Além disso, as sinapses eléctricas são mais comuns do que se pensava [49], compreendendo ligações directas, citoplasmáticas entre neurónios. De facto, os neurónios podem formar acoplamentos ainda mais apertados: o axónio gigante lula surge da fusão de múltiplos axónios [50].

Ramón y Cajal também postulou a Lei da Polarização Dinâmica, que afirma que um neurónio recebe sinais nos seus dendritos e corpo celular e transmite-os, como potenciais de acção, ao longo do axónio numa direcção: para longe do corpo celular [51]. A Lei da Polarização Dinâmica tem importantes excepções; os dendritos podem servir como sítios de saída sináptica dos neurónios [52] e os axónios podem receber entradas sinápticas [53].

2.18. Modelação Compartimental de Neurónios

Embora os neurónios sejam frequentemente descritos como "unidades fundamentais" do cérebro, efectuam cálculos internos. Os neurónios integram o input dentro dos dendritos, e esta complexidade perde-se em modelos que assumem os neurónios como uma unidade fundamental. Os ramos dendríticos podem ser modelados como compartimentos espaciais, cuja actividade está relacionada devido às propriedades passivas da membrana, mas também podem ser diferentes, dependendo do input das sinapses. A modelação compartimental dos dendritos é especialmente útil para compreender o comportamento dos neurónios que são demasiado pequenos para serem registados com eléctrodos, como é o caso da Drosophila melanogaster [54].

2.19. Neurónios no Cérebro

O número de neurónios no cérebro varia dramaticamente de espécie para espécie [55]. Num humano, estima-se que existam 10-20 mil milhões de neurónios no córtex cerebral e 55-70 mil milhões de neurónios no cerebelo [56]. Em contraste, o verme nemátodo Caenorhabditis elegans tem apenas 302 neurónios, o que o torna um organismo modelo ideal, uma vez que os cientistas foram capazes de mapear todos os seus neurónios. A mosca da fruta Drosophila melanogaster, um assunto comum em experiências biológicas, tem cerca de 100.000 neurónios e apresenta muitos comportamentos complexos. Muitas propriedades dos neurónios, desde o tipo de neurotransmissores utilizados até à composição do canal iónico, são mantidas através das espécies, permitindo aos cientistas estudar processos que ocorrem em organismos mais complexos em sistemas experimentais muito mais simples.

2.20. Perturbações neurológicas

A doença de Charcot-Marie-Tooth (CMT) é uma doença hereditária heterogénea dos nervos (neuropatia) que se caracteriza pela perda de tecido muscular e sensação de toque, predominantemente nos pés e pernas que se estendem até às mãos e braços em fases avançadas. Actualmente incurável, esta doença é uma das perturbações neurológicas hereditárias mais comuns, afectando 36 em 100.000 pessoas [57].

A doença de Alzheimer (AD), também conhecida simplesmente como Alzheimer, é uma doença neurodegenerativa caracterizada por deterioração cognitiva progressiva, juntamente com o declínio das actividades da vida diária e sintomas neuropsiquiátricos ou alterações comportamentais [58]. O sintoma precoce mais marcante é a perda de memória de curto prazo (amnésia), que geralmente se manifesta como um pequeno esquecimento - o esquecimento - que se torna cada vez mais pronunciado com a progressão da doença, com relativa pré-alimentação de memórias mais antigas. À medida que a doença progride, a deficiência cognitiva (intelectual) estende-se aos domínios da linguagem (afasia), movimentos qualificados (apraxia), e reconhecimento (agnosia), e funções como a tomada de decisões e o planeamento tornam-se prejudicadas [59, 60].

A doença de Parkinson (DP), também conhecida como Parkinsons, é uma doença degenerativa do sistema nervoso central que frequentemente prejudica as capacidades motoras e a fala [61]. A doença de Parkinson pertence a um grupo de doenças chamadas perturbações do movimento [62]. Caracteriza-se por rigidez muscular, tremor, um abrandamento do movimento físico (bradicinesia), e em casos extremos, uma perda do movimento físico (akinesia). Os sintomas primários são os resultados da diminuição da estimulação do córtex motor pelos gânglios basais, normalmente causada pela formação e acção insuficientes da dopamina, que é produzida nos neurónios dopaminérgicos do cérebro. Os sintomas secundários podem incluir disfunções cognitivas de alto nível e problemas de linguagem subtil. A DP é simultaneamente crónica e progressiva.

A miastenia gravis é uma doença neuromuscular que leva a uma fraqueza muscular flutuante e fatigabilidade durante actividades simples. A fraqueza é tipicamente causada por anticorpos circulantes que bloqueiam os receptores de acetilcolina na junção neuromuscular pós-sináptica, inibindo o efeito estimulante do neurotransmissor acetilcolina. A miastenia é tratada com imuno-supp-ressantes, inibidores da colinesterase e, em casos seleccionados, a timectomia.

2.21. Desmielinização

A desmielinização é o acto de desmielinização, ou a perda da bainha de mielina que isola os nervos. Quando a mielina se degrada, a condução de sinais ao longo do nervo pode ser prejudicada ou perdida, e o nervo acaba por murchar. Isto leva a certas perturbações neurodegenerativas como a esclerose múltipla e a polineuropatia inflamatória crónica desmielinizante.

2.22. Degeneração Axonal

Embora a maioria das respostas às lesões inclua uma sinalização de influxo de cálcio para promover a resselagem das peças cortadas, as lesões axonais levam inicialmente a uma degeneração axonal aguda, que é a separação rápida das extremidades proximal e distal, ocorrendo dentro de 30 minutos após a lesão [63]. A degeneração segue-se com o inchaço do axolemma, e eventualmente leva à formação de esferas. A desintegração granular do citoesqueleto axonal e das organelas internas ocorre após a degradação do axolemma. As alterações iniciais incluem a acumulação de mitocôndrias nas regiões paranodais no local da lesão. O retículo endoplasmático degrada-se e as mitocôndrias incham e acabam por se desintegrar. A desintegração depende da ubiquitina e das proteases da calpa (causadas pelo influxo do ião de cálcio), sugerindo que a degeneração axonal é um processo activo que produz uma fragmentação completa. O processo demora cerca de 24 horas no ENP e mais tempo no SNC. As vias de sinalização que conduzem à degeneração axolemática são desconhecidas.

2.23. Neurogénese

Os neurónios nascem através do processo de neurogénese, no qual as células estaminais neurais se dividem para produzir neurónios diferenciados. Uma vez formados os neurónios totalmente diferenciados, já não são capazes de sofrer mitose. A neurogénese ocorre principalmente no embrião da maioria dos organismos.
A neurogénese de adultos pode ocorrer e estudos da idade dos neurónios humanos sugerem que este processo ocorre apenas para uma minoria de células, e que a grande maioria dos neurónios nas formas de neocórtex antes do nascimento e persiste sem substituição. A medida em que a neurogénese adulta existe em humanos, e a sua contribuição para a cognição são controversas, com relatórios contraditórios publicados em 2018 [64].

O corpo contém uma variedade de tipos de células estaminais que têm a capacidade de se diferenciarem em neurónios. Os investigadores encontraram uma forma de transformar células da pele humana em células nervosas utilizando a trans-diferenciação, na qual "as células são forçadas a adoptar novas identidades" [65].

Durante a neurogénese no cérebro dos mamíferos, os progenitores e as células estaminais progridem de divisões proliferativas para divisões diferenciadoras. Esta progressão leva aos neurónios e à glia que povoam as camadas corticais. As modificações epigenéticas desempenham um papel fundamental na regulação da expressão genética na diferenciação das células estaminais neurológicas, e são fundamentais para a determinação do destino celular no cérebro dos mamíferos em desenvolvimento e dos mamíferos adultos. As modificações epigenéticas incluem a metilação da citosina do ADN para formar a 5-metilcitosina e a 5-metilcitosina desmetilação [66]. Estas modificações são críticas para a determinação do destino celular no cérebro de mamíferos em desenvolvimento e de mamíferos adultos. A metilação da citosina do ADN é catalisada por DNA methyl-transferases (DNMTs). A desmetilação da metilcitosina é catalisada em várias fases por enzimas TET que realizam reacções oxidativas (por exemplo, 5-metilcitosina a 5-hidroximetilcitosina) e enzimas da via de reparação da excisão de base de ADN (BER) [66].

Em diferentes fases do desenvolvimento do sistema nervoso dos mamíferos são empregues dois processos de reparação do ADN na reparação de quebras de dupla cadeia de ADN. Estas vias são a reparação recombinacional homóloga utilizada na proliferação de células precursoras neuronais, e a união final não homóloga utilizada principalmente em fases posteriores de desenvolvimento [67].

A comunicação intercelular entre os neurónios em desenvolvimento e a microglia é também indispensável para uma neurogénese e desenvolvimento cerebral adequados [68].

2.24. Regeneração nervosa

Os axónios periféricos podem voltar a crescer se forem cortados [69], mas um neurónio não pode ser funcionalmente substituído por um de outro tipo (lei de Llinás) [18].

2.25. Referências

[1]. Moore, Keith; Dalley, Arthur (2005). Clinically Oriented Anatomy (5th ed.). LWW. pp. 47. ISBN 0-7817-3639-0. Um feixe de fibras nervosas (axônios) que liga fibras vizinhas ou núcleos distantes do SNC é um tracto.

[2]. "Quais são as partes do sistema nervoso?". Recuperado em 2022-07-08.

[3]. Davies, Melissa (2002-04-09). "The Neuron: comparação de tamanho". Neurociência: Uma viagem através do cérebro. Recolhido em 2009-06-20.

[4]. Chudler EH. "Fatos e Números Cerebral". Neurociência para as Crianças. Recuperado em 2009-06-20.

[5]. "16.7: Sistema Nervoso". Biologia LibreTexts. 2021-01-14. Recuperado em 2022-02-28.

[6]. Herrup K, Yang Y (Maio de 2007). "Cell cycle regulation in the postmitotic neuron" (Regulação do ciclo celular no neurónio pós-mitótico): oxymoron ou nova biologia?". Revisões da Natureza. Neurociência. 8 (5): 368–78.

[7]. Giménez, C. (Fevereiro de 1998).Revista de Neurologia. 26 (150): 232–239. ISSN 0210-0010. PMID 9563093.

[8]. Boletim dos Hospitais do Estado. Comissão do Estado em Lunacy. 1897. p. 378.

[9]. "Medical Definition of Neurotubules". www.merriam-webster.com.

[10]. Zecca L, et al. (Março de 2001). "Iron, neuromelanin and ferritin content in the substantia

nigra de sujeitos normais em diferentes idades: consequências para o armazenamento de ferro e neuro...
processos degenerativos". Journal of Neurochemistry". 76 (6): 1766–73.
[11]. Herrero MT, et al. (1993). "A acumulação de neuromelanina com a idade em catecolaminérgicos
neurónios Macaca fascicularis braintem". Neurociência do Desenvolvimento". 15 (1): 37–48.
[12]. Brunk UT, Terman A (Setembro de 2002). "Lipofuscina: mecanismos relacionados com a idade
acumulação e influência na função celular". Biologia e Medicina Radical Livre. 33 (5): 611–9.
[13]. Zhao B., (2017). "Microtubo Modulate F-actin Dynamic during Neuronal Polarization".
Relatórios científicos. 7 (1): 9583.
[14]. Lee WC, et al. (2006).
"Remodelação dinâmica de árvores dendríticas em neurónios GABAergic de córtex visual adulto".
PLOS Biologia. 4 (2): e29.
[15]. Al, Martini, Frederic Et (2005). Anatomia e Fisiologia' Edição de 2007 Ed.2007. Rex Livraria, Inc. p. 288. ISBN 978-971-23-4807-5.
[16]. Gerber U (Janeiro de 2003). "Metabotropic glutamate receptors in vertebrate retina". Documenta Ophthalmologica. Avanços em Oftalmologia. 106 (1): 83–7.
[17]. Wilson NR, Runyan CA, Wang FL, Sur M (Agosto de 2012).
"Divisão e subtracção por distintas redes inibitórias corticais in vivo".
Natureza. 488 (7411): 343–8.
[18]. Llinás RR (2014-01-01).
"Propriedades eléctricas intrínsecas dos neurónios e função CNS: uma perspectiva histórica".
Fronteiras em Neurociência Celular. 8: 320.
[19]. Kolodin YO, Veselovskaia NN, Veselovsky NS, Fedulova SA. Acta Physiologica Congresso. Arquivado em 2012-10-07. Recuperado em 2009-06-20.
[20]. "Condutas iónicas subjacentes à excitabilidade no disparo tónico do gânglio da retina do rato adulto".
Ykolodin.50webs.com. 2008-04-27. Recuperado em 2013-02-16.
[21]. Scammell TE, Jackson AC, Franks NP, Wisden W, Dauvilliers Y (Janeiro de 2019).
"Histamina: circuitos neurais e novos medicamentos". Dormir. 42 (1).
[22]. "A técnica Patch-seq ajuda a descrever a variação das células neurais no cérebro". Notícias -
medical.net. 3 de Dezembro de 2020. Recuperado a 26 de Agosto de 2021.
[23]. Macpherson, Gordon (2002). Black's Medical Dictionary (40 ed.). Lanham, MD: Scarecrow Press. pp. 431–434. ISBN 0810849844.
[24]. Ivannikov MV, Macleod GT (Junho de 2013).
"Mitochondrial free Ca^{2+} levels and their effects on energy metabolism nerve terminals".
Jornal Biofísico. 104 (11): 2353–61.
[25]. Herculano-Houzel S (Novembro de 2009).
"O cérebro humano em números: um cérebro de primatas linearmente escalonado". Fronteiras em Humano
Neurociência. 3: 31.

[26]. Drachman DA (Junho de 2005). "Será que temos cérebro de sobra?". Neurologia. 64 (12): 2004–5.
[27]. Ucar, Hasan; et al. (Dezembro de 2021). "Acções mecânicas de alargamento dendrítico-espinha dorsal
sobre exocitose pré-sináptica". Natureza. 600 (7890): 686–689
[28]. Resumo do leigo: "Sinapses fortes reveladas no cérebro". Natureza. 24 de Novembro de 2021.
[29]. "Investigadores descobrem novo tipo de comunicação celular no cérebro". Os Scripps Instituto de Investigação. Recuperado a 12 de Fevereiro de 2022.
[30]. Schiapparelli, et al. (2022). "Neurónios com ecrã proteómico ligados no sistema visual".
Relatórios celulares. 38 (4): 110287.
[31]. Levitan, Irwin B.; Kaczmarek, Leonard K. (2015). "Electrical Signaling in Neurons" (Sinalização eléctrica nos neurónios). O
Neurónio. Oxford University Press. pp. 41–62.
[32]. O'Leary, et al. (2018).
"O nervo vago modula a expressão BDNF e a neurogénese no hipocampo".
Neuro-psicofarmacologia europeia. 28 (2): 307–316.
[33]. Cserép C, et al. (2020).
"A microglia monitoriza e protege a função neuronal através de junções somáticas especializadas".
Ciência. 367 (6477): 528–537.
[34]. Chudler EH. "Milestones in Neuroscience Research". Neurociência para as crianças. Recuperado em
2009-06-20.
[35]. Patlak J, Gibbons R (2000-11-01). "Actividade Eléctrica dos Nervos". Potenciais de Acção em
Células nervosas. Arquivadas a 27 de Agosto de 2009. Recuperado em 2009-06-20.
[36]. Harris-Warrick, RM (Outubro de 2011).
"Neuro-modulação e flexibilidade nas redes de Geradores de Padrões Centrais".
Opinião actual em Neurobiologia. 21 (5): 685–92.
[37]. Brown PT, Kass RE, Mitra PP (Maio de 2004). "Análise de dados de múltiplos picos neuronais de comboios:
desafios do estado da arte e do futuro". Neurociência da Natureza. 7 (5): 456–61.
[38]. Thorpe SJ (1990).
"Horas de chegada dos espigões: Um esquema de codificação altamente eficiente para as redes neura". Em Eckmiller
R, Hartmann G, Hauske G (eds.). Processamento paralelo em sistemas neuronais e computadores.
North-Holland. pp. 91-94. Arquivado em 2012-02-15.
[39]. Kalat, James W (2016). Psicologia Biológica (12 ed.). Austrália. ISBN 9781305105409.
[40]. Eckert R, Randall D (1983). Fisiologia animal: mecanismos e adaptações. San
Francisco: W.H. Freeman. p. 239. ISBN 978-0-7167-1423-1.
[41]. Finger, Stanley (1994).
Origens da neurociência: uma história de explorações das funções cerebrais. Universidade de Oxford
Imprensa. p. 47. ISBN 9780195146943.
[42]. Oxford English Dictionary, 3ª edição, 2003, s.v.

[43]. Mehta AR, et al. (2020). "Grey Matter Etymology and the neuron(e)". O cérebro. 143 (1):
374–379.
[44]. "Google Books Ngram Viewer". books.google.com. Recuperado a 19 de Dezembro de 2020.
[45]. López-Muñoz F, Boya J, Alamo C (Outubro de 2006). "Neuron theory, the cornerstone of
neuroscience, no centenário do Prémio Nobel de Santiago Ramón y Cajal".
Boletim de Investigação do Cérebro. 70 (4–6): 391–405.
[46]. Finger, Stanley (1994).
Origens da neurociência : uma história de explorações das funções cerebrais. Universidade de Oxford
Imprensa. p. 47. ISBN 9780195146943 .
[47]. "Whonamedit - dicionário de eponyms médicos". www.whonamedit.com. Hoje, Wilhelm
von Waldeyer-Hartz é lembrado como o fundador da teoria dos neurónios, cunhando o termo
"neurónio" para descrever a unidade de função celular do sistema nervoso e enunciar e
clarificando esse conceito em 1891.
[48]. Grant G (Outubro de 2007). "Como foi o Prémio Nobel de Fisiologia ou Medicina de 1906
partilhado entre Golgi e Cajal". Cérebro Research Reviews. 55 (2): 490–8.
[49]. Witcher MR, Kirov SA, Harris KM (Janeiro de 2007). "Plasticidade da astroglia perisináptica
durante a sinaptogénese no hipocampo do rato maduro". Glia. 55 (1): 13–23.
[50]. Connors BW, Long MA (2004). "Sinapses eléctricas no cérebro dos mamíferos". Anual
Revisão da Neurociência. 27 (1): 393–418.
[51]. Guillery RW (Junho de 2005).
"Observações de estruturas sinápticas: origens da doutrina neuronal e o seu estatuto actual".
Transacções Filosóficas da Royal Society of London. Série B, Ciências Biológicas.
360 (1458): 1281–307.
[52]. Sabbatini RM (Abril-Julho de 2003). "Neurónios e Sinapses": A História da sua Descoberta".
Revista Cérebro & Mente: 17.
[53]. Djurisic M, Antic S, Chen WR, Zecevic D (Julho de 2004).
"Imagens de tensão a partir de dendritos de células mitrais: atenuação EPSP e zonas de picos".
O Journal of Neuroscience. 24 (30): 6703–14.
[54]. Cochilla AJ, Alford S (Março de 1997).
"Excitação sináptica mediada por receptor de glutamato em axónios da lampreia". A revista
de Fisiologia. 499 (Pt 2): 443–57.
[55]. Gouwens NW, Wilson RI (2009). "Propagação de sinais em neurónios centrais de Drosophila".
Journal of Neuroscience. 29 (19): 6239–6249.
[56]. Williams RW, Herrup K (1988). "O controlo do número de neurónios". Revisão Anual de
Neurociência. 11 (1): 423–53.

[57]. von Bartheld CS, Bahney J, Herculano-Houzel S (Dezembro de 2016).
"A procura de números verdadeiros de neurónios e células glial nos 150 anos de contagem de células".
O Journal of Comparative Neurology. 524 (18): 3865–3895.
[58]. Krajewski KM, et al. (2000).
"Disfunção neurológica degeneração axonal doença Charcot-Marie-Tooth tipo 1A".
Cérebro. 123 (7): 1516–27.
[59]. "Sobre a doença de Alzheimer: Sintomas". Instituto Nacional sobre o Envelhecimento. Arquivado em 15
Janeiro de 2012. Recuperado a 28 de Dezembro de 2011.
[60]. Burns A, Iliffe S (Fevereiro de 2009). "Doença de Alzheimer". BMJ. 338: b158.
[61]. Querfurth HW, LaFerla FM (Janeiro de 2010). "Doença de Alzheimer". A Nova Inglaterra
Journal of Medicine. 362 (4): 329–44.
[62]. "Página de Informação sobre a Doença de Parkinson". NENHUMAS. 30 de Junho de 2016. Arquivado a 4 de Janeiro.
2017. Recuperado a 18 de Julho de 2016.
[63]. "Distúrbios de Movimento". A Sociedade Internacional de Neuromodulação.
[64]. Kerschensteiner M, et al. (2005). "Imagem in vivo da degeneração axonal e regeneração da medula espinal lesionada". Medicina da Natureza. 11 (5): 572–7.
[65]. Kempermann G, et al. (2018).
"Neurogénese Humana Adulta": Evidência e questões remanescentes". Célula estaminal. 23
(1): 25–30.
[66]. Callaway, Ewen (26 de Maio de 2011). "Como fazer um neurónio humano". A natureza.
doi:10.1038/news.2011.328.
[67]. Wang Z, Tang B, He Y, Jin P (2016). "Dinâmica da metilação do ADN na neurogénese".
Epigenómica. 8 (3): 401–14
[68]. Orii KE, Lee Y, Kondo N, McKinnon PJ (Junho de 2006).
"Utilização selectiva da junção final não homóloga e desenvolvimento do sistema homólogo".
Actas da Academia Nacional das Ciências dos Estados Unidos da América. 103 (26): 10017–22
[69]. Cserép, Csaba; et al. (2022).
"Controlo microglial do desenvolvimento neuronal através de junções purinérgicas somáticas". Célula
Relatórios. 40 (12): 111369
[70]. Yiu G, He Z (Agosto de 2006). "Inibição glial da regeneração axonal do SNC". Natureza
Comentários. Neurociência. 7 (8): 617–27.

Capítulo (3)

Neurotrónica

3.1. Definição

No campo da electrónica, Neurotrónica (electrónica neural), é a palavra que combina o neurónio e a electrónica. Isto significa um ramo da electrónica que se preocupa com os princípios dos conceitos de inspiração neural para dar uma ajuda a uma vasta gama de problemas da vida real. Os sistemas neurais que são introduzidos na concepção dos dispositivos, portanto circuitos e sistemas podem incluir algoritmos inspirados no cérebro e modelos computacionais de redes neurais, ou seja, redes neurais artificiais (ANNs).

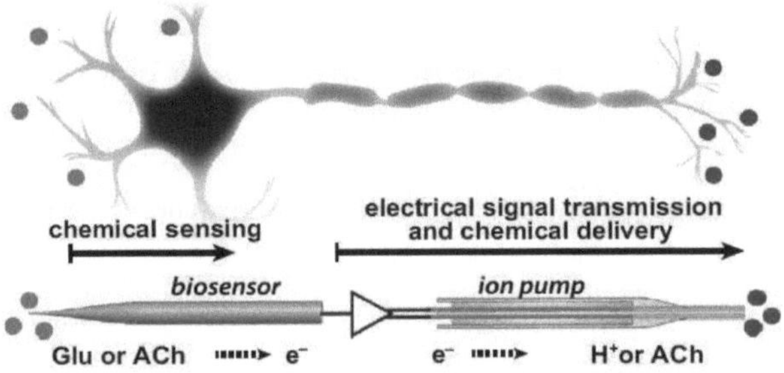

Neurónio artificial.

Os princípios dos conceitos inspirados no cérebro podem ser aplicados aos circuitos electrónicos, onde podem ser depois implementados para vários fins. Nesta preocupação, a electrónica utilizada pode incluir qualquer gama de dispositivos ou tecnologias (microprocessadores, robôs, sistemas médicos e tecnologias viáveis).

3.2. Exemplos de Neurotrónica

3.2.1. Fichas Neuromórficas

O chip nuromórfico foi desenvolvido principalmente por Carver Mead na década de 1980, onde na sua forma básica são microprocessadores configurados para operar basicamente sobre as principais redes neurais spiking. Nesta tecnologia, os neurónios têm potenciais de membrana que indicam o estado do neurónio. Nesta preocupação, um neurónio recebe picos suficientes para atingir o seu potencial de limiar; assim, transmitirá então picos para o(s) neurónio(s) seguinte(s) no circuito ou rede. Além disso, ligações diferentes entre outros neurónios têm os seus respectivos valores de peso, de modo que os picos transmitidos podem ter efeitos diferentes sobre o neurónio alvo. Este processo é diferente dos computadores tradicionais, onde normalmente se baseiam no que se designa por arquitectura Von Neumann. Nesta preocupação, as instruções do computador são levadas a cabo em sequências lineares de cálculos. Notando que embora a técnica proposta seja útil para resolver problemas numéricos, as suas aplicações para o reconhecimento de padrões em áreas tais como imagens ou som são bastante limitadas.

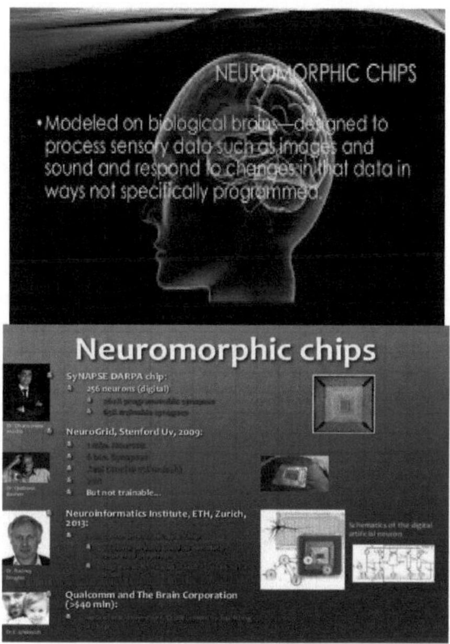

Fichas Neuromórficas.

No campo dos cérebros biológicos, têm existido muitos chips neuromórficos múltiplos. Dos quais, TrueNorth (IBM), Zeroth da Qualcomm, chip europeu Spikey e Spinnaker, etc. Finalmente, as técnicas mencionadas são hoje demonstradas para lidar com o reconhecimento do compositor de:

- peça musical,
- classificar os dígitos manuscritos, e
- reconhecimento de sinais de trânsito.

A capacidade dos computadores tradicionais começa a atingir um ponto de estrangulamento, pelo que estão a surgir dispositivos neuromórficos para permitir uma computação mais rápida, o que conduz a uma gama diversificada de tarefas computacionais. Além disso, os dispositivos têm demonstrado poder e consumo de energia significativos e paralelismo.

3.2.2. Neurorobótica

Neurorobótica, incorpora outro modelo bem conhecido de inspiração biológica, que é comummente utilizado no campo da implementação física de sistemas artificialmente inteligentes. Nesta preocupação, pode ser dividida em múltiplas classes de modelos neurorobóticos, como por exemplo:

- controlo do motor,
- sistemas de aprendizagem e memória, e
- percepção sensorial,

Geralmente, pode-se dizer que, em princípio, a neurorobótica é uma forma de combinar a potência da computação neural na construção de diferentes sistemas de robôs dinâmicos. Neste campo, há um estudo no qual foi produzido um sistema robotizado, baseado num algoritmo de aprendizagem envolvendo plasticidade sináptica e neuromodulação. Isto foi realizado a fim de simular o comportamento das corujas. Por outro lado, outro estudo tinha sido investigado sobre pequenos robôs conduzem o reconhecimento de padrões sobre a propriedade condutora de diferentes baterias dentro da área circundante.

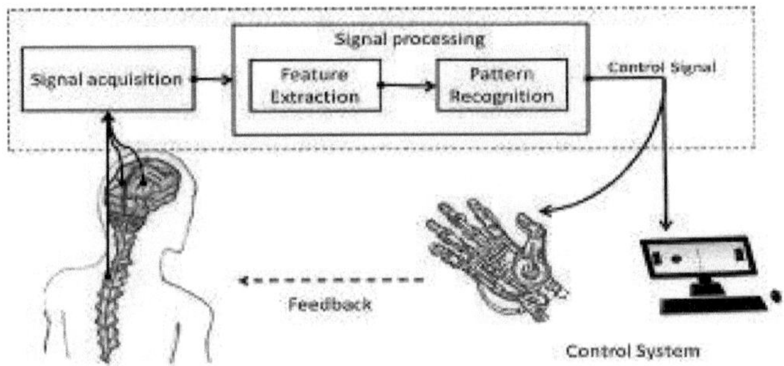

Neurorobótica.

3.3. Aplicações dos Chips Neuromórficos
3.3.1. Neurocomputadores

Os neurocomputadores são computadores construídos para funcionar de forma semelhante a um cérebro biológico. Notando que, ao longo das últimas décadas, como uma inteligência artificial se tornou uma área cada vez mais popular da investigação científica. Neste campo, os investigadores estão interessados com o cérebro humano à procura de como obter um processador que possa desenvolver capacidades de aprendizagem que possam ser consideradas como uma solução eficaz e eficiente para resolver problemas da vida real. Finalmente, está provado que os neurocomputadores têm a capacidade de executar instruções em paralelo e, também, têm diferentes interligações entre os neurónios de processamento.

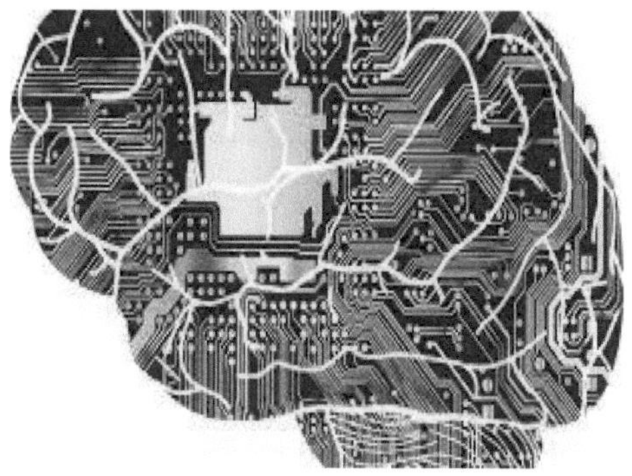

Neurocomputador.

3.3.2. Prótese Retinal

Foi criado um implante de retina conhecido como Argus-II para indivíduos diagnosticados com pigmentos de retinite (RP), onde o dispositivo proposto é uma prótese de retina de 60-electrodos. Onde, os seus testes provaram que permite ao utente algum grau de visão através da captação de imagens através da câmara montada, após o que transmite o sinal sem fios ao chip implantado que permite ao utente visualizar claramente a imagem.

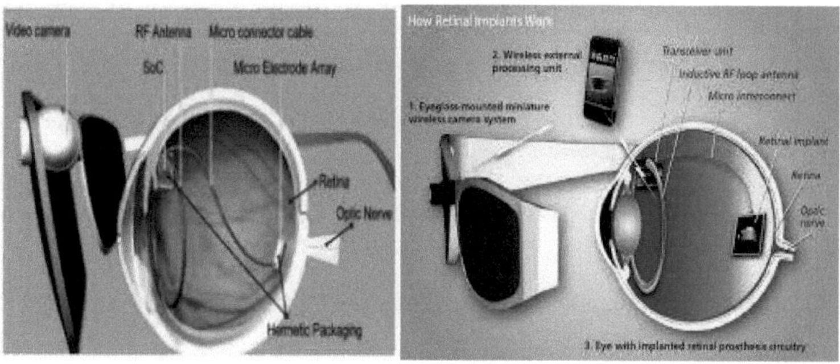

Prótese de retina.

3.4. Trabalho de investigação recente

3.4.1. Projecto de Sistemas de Engenharia Neural (NESD)

Nos últimos anos, a investigação em Desenho de Sistemas de Engenharia Neural (NESD) tem como objectivo desenvolver uma interface neural implantável que permita uma comunicação eficiente do sinal entre o cérebro e a electrónica. Nesta preocupação, o dispositivo planeado actuaria como um tradutor que converte bidireccionalmente entre os sinais neurais, no cérebro, e os bits usados na electrónica. O programa foi concebido para criar uma interface que seja ao mesmo tempo biocompatível e portátil.

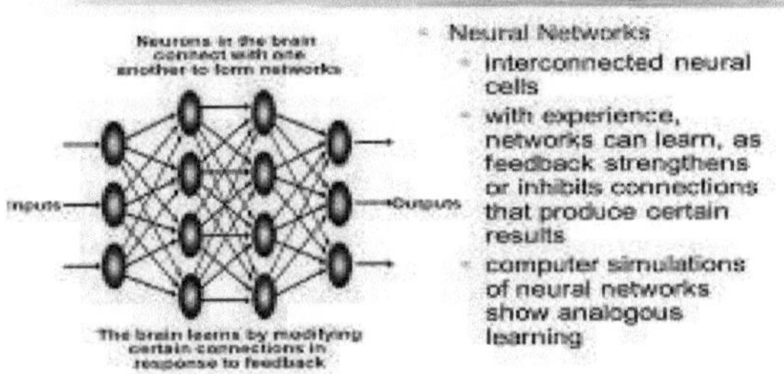

Desenho de Sistemas de Engenharia Neural.

3.5. Referências

[1]. " 10. Modelos Electrónicos de Neurónios. N.p., n.d. Web. 02 Mar. 2017.

[2]. Neural Electronics". USC Institute for Biomedical Therapeutics University of Southern .
CA, EUA, Março de 2017.

[3]. "A Nossa Tecnologia": Silício neural programável". Tecnologia de Habilitação. Stanford Univ...
ersity, n.d. Web. 01 Mar. 2017.

[4]. Cassidy, Andrew S., Paul Merolla, John V. Arthur, Steve K. Esser, et al. (2013) Cognitive
Bloco de Construção Informática: Um Modelo de Neurónio Digital Versátil e Eficiente para o Neuro...
Núcleos sinápticos. A Conferência Internacional Conjunta de 2013 sobre Redes Neurais (IJCNN).

[5]. Esser, Steve K., et al. (2013) Cognitive Computing Systems: Algoritmos e Aplicações
para Redes de Neuro-sinápticos. A Conferência Internacional Conjunta sobre Neuro-sinápticos de 2013
Redes (IJCNN)

[6]. Hof, Robert D. "Qualcomm's Neuromorphic Chips Could Make Robots and Phones More
Astuto Sobre o Mundo". MIT Technology Review. MIT Technology Review, 18 Nov. 2014. Web. 01 Mar. 2017.

[7]. Merolla, P. A., et al., "Um milhão de espigões-neurões de circuito integrado com um comutador escalável".
rede de unicação e interface". Ciência 345.6197 (2014): 668-73.

Capítulo (4)

Computação Neuromórfica

A computação neuromórfica (engenharia neuromórfica) [1-3] é um conceito desenvolvido por Carver Mead [4], que é utilizado para descrever o uso de sistemas de integração em muito grande escala (VLSI) contendo circuitos electrónicos analógicos para imitar arquitecturas neurobiológicas presentes no sistema nervoso [5]. Actualmente, o termo neuromórfico tem sido utilizado para designar o termo neuromórfico:

4.1. Introdução

- descrever o analógico,
- digital,
- VLSI analógica/digital de modo misto, e
- sistemas de software que implementam modelos de sistemas neurais.

A implementação da computação neuro-mórfica a nível do hardware pode ser realizada por memristoresà base de óxido [6], interruptores de limiar, e transístores [7].

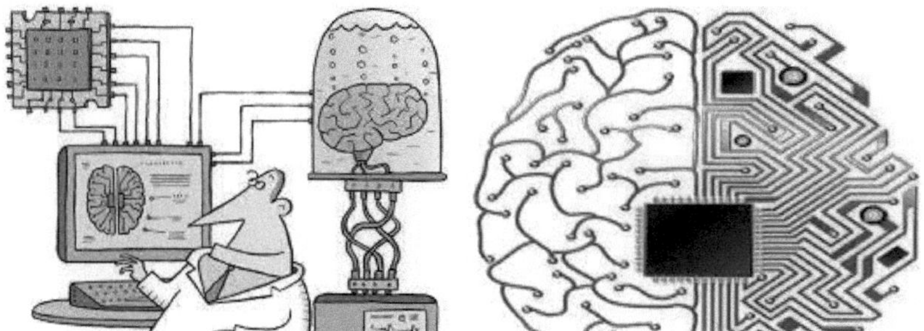

Engenharia neuromórfica

É bem sabido que a engenharia neuromórfica se baseia em **[8]:**

- morfologia de neurónios individuais,
- circuitos,
- aplicações, e arquitecturas globais criam cálculos desejáveis,
- afecta a forma como a informação é representada, influencia a robustez dos danos, incorpora a aprendizagem e o desenvolvimento,
- adapta-se à mudança local (plasticidade), e
- facilita a mudança evolutiva.

Além disso, sabe-se que a engenharia neuromórfica é um assunto interdisciplinar que se baseia na biologia, física, matemática, informática e engenharia electrónica, que é a principal ferramenta para conceber sistemas neurais artificiais, tais como sistemas de visão, sistemas cabeça-olho, processadores auditivos, e robôs autónomos, cuja arquitectura física e princípios de concepção se baseiam nos dos sistemas nervosos biológicos **[8]**.

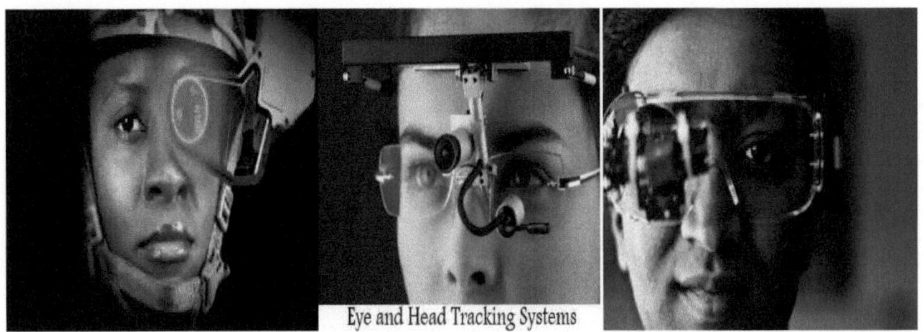

Sistemas de olhos e cabeça.

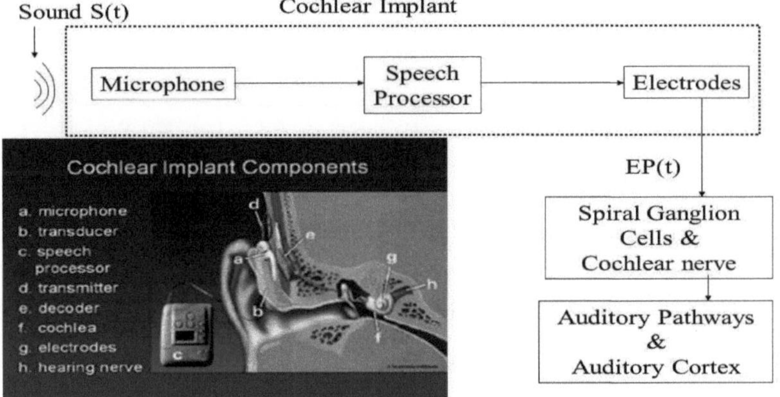

Processadores auditivos.

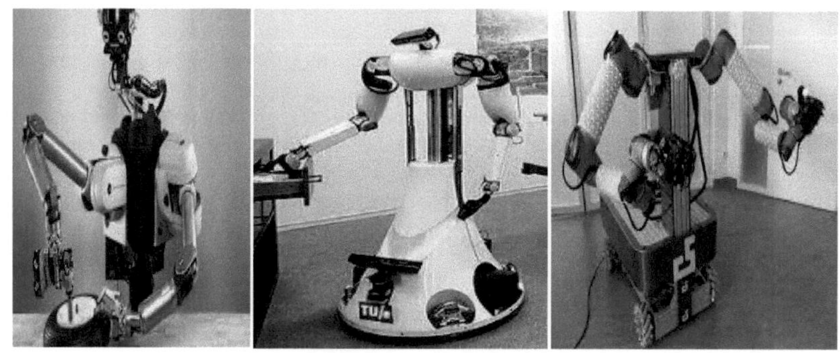

Robôs autónomos.

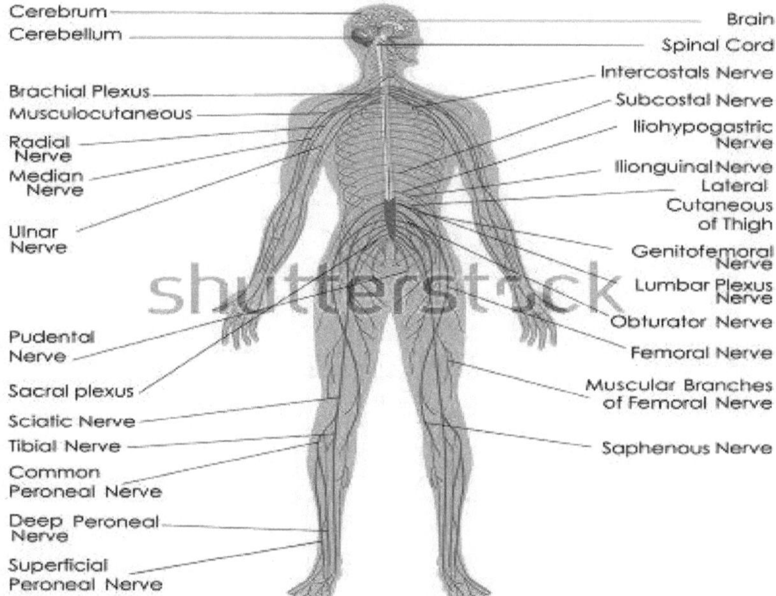

Sistema nervoso.

4.2. Trabalho de investigação

Nos primeiros dias de 2006, foi publicado muito trabalho de investigação sobre uma matriz neural programável de campo **[9]**. Este chip foi, portanto, seguido por uma linha de muitas matrizes cada vez mais complexas de transístores de porta flutuante. Como resultado, isto permitiu a programabilidade de carga nas portas de MOSFETs para modelar as características de iões de canal dos neurónios no cérebro, também é considerado como um dos primeiros casos de uma matriz de neurónios programável de silício.

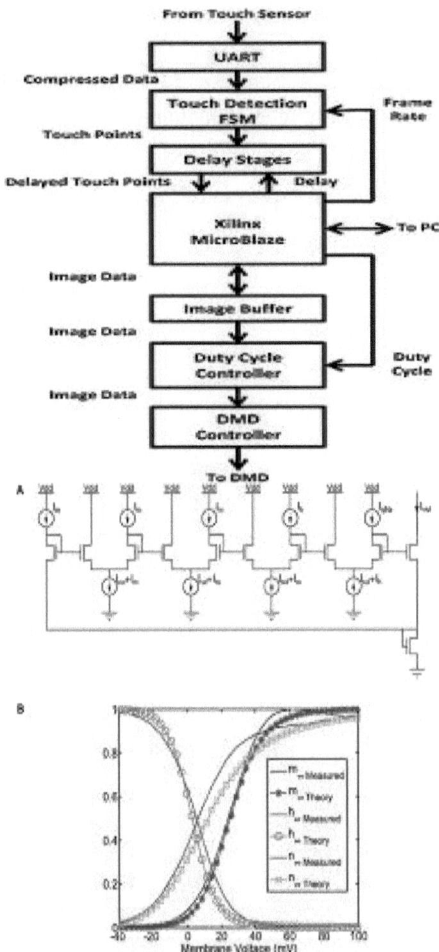

Matriz neural programável Matriz de neurónios de silício programável.

Antes do final de 2011, foi desenvolvido um chip de computador que imita a comunicação analógica baseada em iões numa sinapse entre dois neurónios utilizando 400 transístores e técnicas de fabrico padrão CMOS [10, 11]. Não mais de seis meses depois, ou seja, em meados de 2012, foi investigado um trabalho sobre o desenho de um chip neuromórfico utilizando válvulas de rotação lateral e memristores eas. Os investigadores mostram que a arquitectura que conceberam funciona de forma semelhante aos neurónios e pode, portanto, ser usada para testar várias formas de reprodução da capacidade de processamento do cérebro. Finalmente, estes chips são significativamente mais eficientes do ponto de vista energético do que os convencionais [12].

Lateral Spin Valve with Decoupled Read-Write Path : Non-local Spin Injection

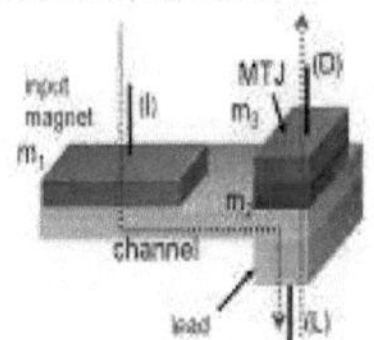

Bipolar Spin Neuron Using Lateral Spin Valve

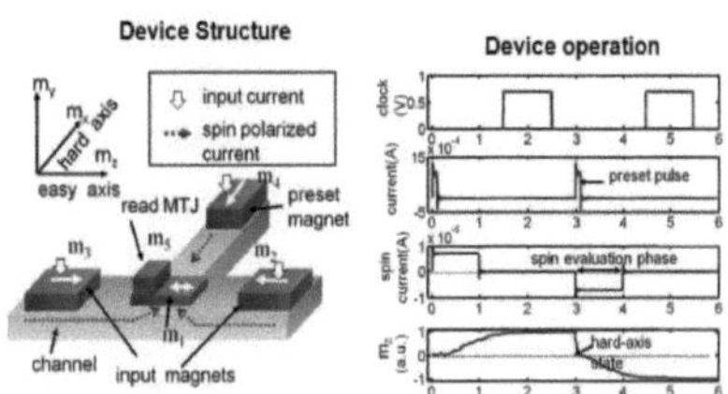

The neuron device essentially acts as an ultra low voltage current comparator and can be employed to perform analog-mode computation

Como ensaio, outro trabalho de investigação mostrou que embora possam ser nãovoláteis, o comportamento volátil exibido a temperaturas significativamente abaixo da temperatura de transição de fase pode ser excutado para fabricar um neuristor [13], um dispositivo de inspiração biológica que imita o comportamento encontrado nos neurónios [13]. Por outro lado, em Setembro de 2013, investigadores apresentaram modelos e simulações que mostram como o comportamento de pico destes neurístores pode ser aplicado para formar os componentes necessários para uma máquina Turing [14].

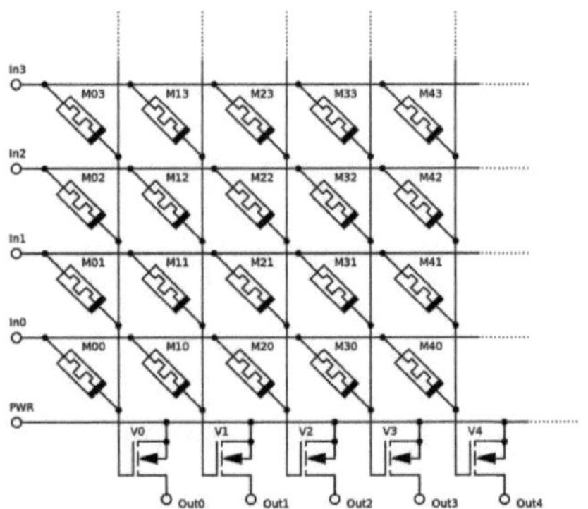

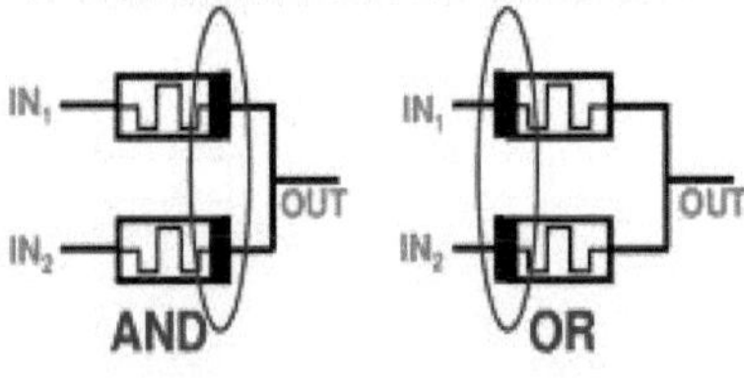

Neuristores, Memristor.

Neurogrid, [15], é um outro exemplo de hardware concebido utilizando princípios de engenharia neuromórfica. Em princípio, a placa de circuito baseia-se em 16 chips concebidos à medida, referidos como NeuroCores. Cada um deles representa um circuito analógico concebido para emular elementos neurais para 65536 neurónios, maximizando a eficiência energética. Notando que os neurónios emulados são ligados usando circuitos digitais concebidos para maximizar a produção de spiking [16, 17].

O trabalho de investigação foi continuado, onde, um projecto de investigação com implicações para a engenharia neuro-mórfica é o Projecto Cérebro Humano com o objectivo de simular um cérebro humano completo num supercomputador utilizando dados biológicos [18]. O projecto visava explorar e compreender o cérebro e as suas doenças, e aplicar esse conhecimento para construir novas tecnologias informáticas. Os três objectivos principais do projecto são:

- compreender melhor como as peças do cérebro se encaixam e trabalham em conjunto,
- compreender como diagnosticar e tratar objectivamente as doenças cerebrais, e
- utilizar a compreensão do cérebro humano para desenvolver computadores neuromórficos.

Do qual, é claro que a simulação de um cérebro humano completo exigirá um super-computador mil vezes mais potente do que o actual incentiva o actual enfoque nos computadores neuromórficos [19, 20].

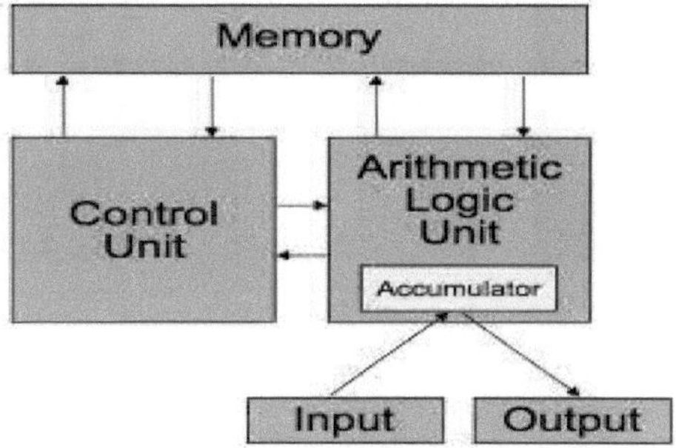

Engenharia neuromórfica

Cada vez mais investigação com implicações para a engenharia neuromórfica envolve a Iniciativa BRAIN [21] e o chip True-North da IBM [22]. Além disso, foram demonstrados dispositivos neuromórficos utilizando [23]:

- nano-cristais,
- nano-fios, e
- polímeros condutores.

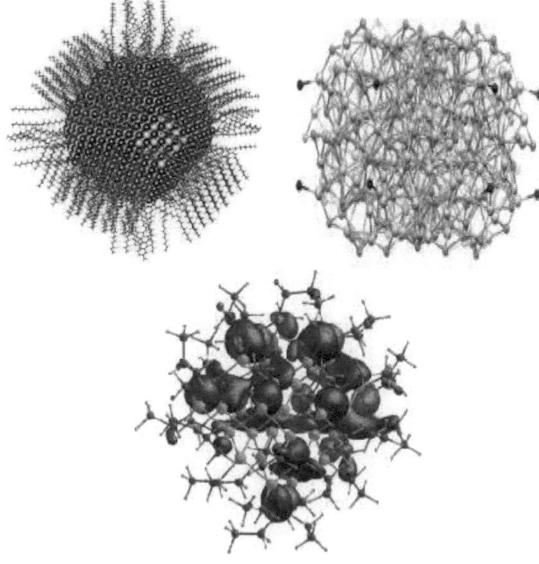

Nanocristais.

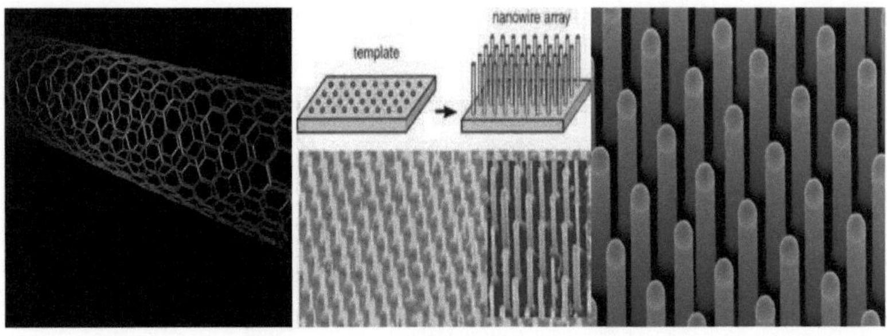

Nanowires.

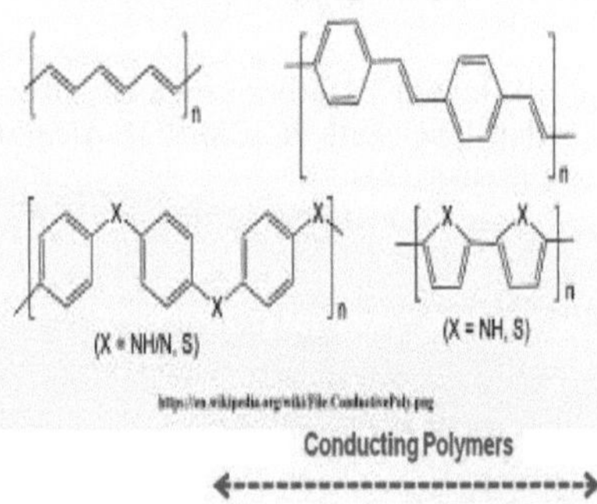

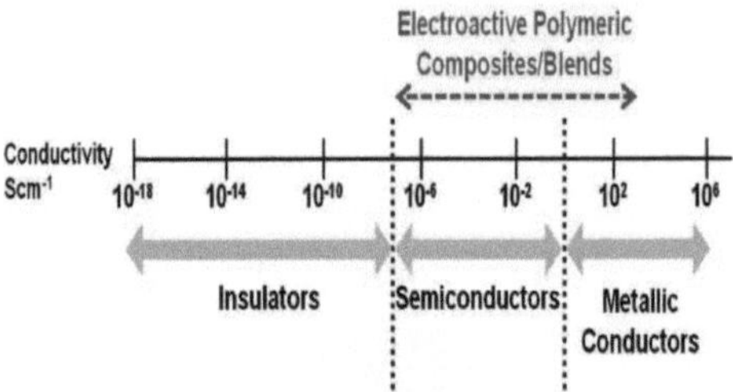

Condução de polímeros.

4.3. Neuromemriscentes

Uma subclasse de sistemas de computação neuromórfica são os neuro-memridores, os sistemas que se concentram na utilização de memristores para implementar a neuroplasticidade, onde se concentra na abstracção [24]. Ou seja, um sistema neuro-memitativo pode substituir os detalhes do comportamento de um microcircuito cortical por um modelo abstracto de rede neural [25].

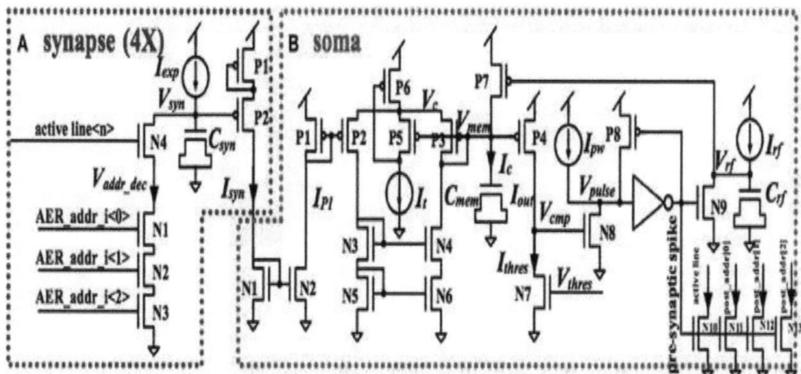

Sistemas neuromemistivos.

Actualmente, existem várias funções lógicas de limiar inspiradas nos neurónios [6] implementadas com memristores que têm amplas aplicações em aplicações de reconhecimento de padrões de alto nível. Aqui, algumas das aplicações relatadas:

- incluem recentemente o reconhecimento da fala [26],
- reconhecimento facial [27] e
- reconhecimento de objectos [28].

Encontram também aplicações na substituição de portões lógicos digitais convencionais [29-31].

4.4. Referências

[1]. Monroe, D. et al. (2014). "Neuromorphic computing gets ready for the (really) big time",
Comunicações da ACM. 57 (6): 13–15.

[2]. Zhao, W. S.; (2010). "Dispositivos nanotubulares baseados na arquitectura de barras transversais: Rumo ao Neuro...
Cálculo mórfico". Nanotecnologia. 21 (17): 175202

[3]. O Projecto Cérebro Humano SP 9: Plataforma de Computação Neuromórfica no YouTube

[4]. Mead, Carver. "carver mead website". carvermead.

[5]. Mead, Carver (1990). "Sistemas electrónicos neuromórficos". Procedimentos do IEEE 78
(10): 1629–1636.

[6]. Maan, A. K., et al. (2016). "A Survey of Memristive Threshold Logic Circuits". IEEE Transacções em Redes Neurais e Sistemas de Aprendizagem. PP (99): 1–13.

[7]. Zhou, You, et al. (2015). "Mott Memory and Neuromorphic Devices". Proc. de IEEE. 103 (8): 1289–1310.

[8]. Boddhu, S. K.; Gallagher, J. C. (2012). "Análise da Decomposição Funcional Qualitativa
de Controladores de Voo Neuromórficos Evoluídos". Inteligência Computacional Aplicada e
Soft Computing. 2012: 1–21.
[9]. Farquhar, Ethan; Hasler, Paul. (Maio de 2006). "A field programmable neural array". IEEE International Symposium on Circuits and Systems.
[10]. "O MIT cria "chip cerebral"". Recuperado em 4 de Dezembro de 2012.
[11]. Neurónios neuromórficos de silício e redes neurais de grande escala: desafios ....".
Fronteiras em Neurociência. 5. Recuperado em 4 Dez. 2012.
[12]. Sharad, Mrigank; Augustine, Charles; Panagopoulos, Georgios; Roy, Kaushik (2012). "Proposta para Hardware Neuromórfico Utilizando Dispositivos de Spin". arXiv:1206.3227
[13]. Pickett, M. D.; Medeiros-Ribeiro, G.; Williams, R. S. (2012). "Um neuristor escalável construído
com memristores Mott". Materiais da Natureza". 12 (2): 114–7
[14]. Matthew D Pickett e R Stanley Williams 2013 Nanotecnologia 24 384002
[15]. Boahen, K. (2014), "Neurogrid: A Mixed-Analog-Digital Multichip System............". Procedimentos do IEEE. 102 (5): 699–716.
[16]. Waldrop, M. Mitchell (2013). "Neuroelectronics": Smart Connections", Nature 503 (7474)
22–4. Bibcode:2013Natur.503...22W.
[17]. Benjamin, et al. (2014): "Neurogrid: Um Sistema Multichip Misto-Analógico-Digital para
Simulações Neuronais em Grande Escala". Procedimentos do IEEE. 102 (5) 699–716.
[18]. "Organizações Envolvidas". Recuperado a 22 de Fevereiro de 2013.
[19]. "Projecto Cérebro Humano". Recuperado a 22 de Fevereiro de 2013.
[20]. "O Projecto Cérebro Humano e o Recrutamento de Mais Ciberguerreiros". Recuperado em 22 de Fevereiro de 2013.
[21]. Computação neuromórfica: A máquina de uma nova alma, The Economist, 2013-08-03
[22]. Modha, D. (2014). "Um milhão de espigões-neurões de circuito integrado ...". Science.345 (6197): 668–673.
[23]. Fairfield, Jessamyn (1 de Março de 2017). "Smarter Machines".
[24]. D. Kudithipudi, "Towards intelligent computing with neuro-memristive circuits and sistemas", Sandia NICE Workshop, 2014,
http://digitalops.sandia.gov/Mediasite/Play/a10cf6ceb55d47608bb8326dd00e46611d
[25]. C. Merkel e D. Kudithipudi, "Máquinas de aprendizagem extrema neuromemistiva para padrões
classificação", ISVLSI, 2014.
[26]. Maan, A.K.; James, A.P.; Dimitrijev, S. (2015). "Memristor pattern recogni............ ". Cartas electrónicas. 51 (17): 1370–1372.
[27]. Maan, Akshay Kumar; Kumar, Dinesh S.; James, Alex Pappachen (2014-01-01). "Memristive Threshold Logic Recognition Face Recognition". Procedia Computer Science. 5o.
Conferência Internacional Anual sobre Arquitecturas Cognitivas de Inspiração Biológica, 2014
BICA. 41: 98–103
[28]. Maan, A.K., et al. (2015). "Memristive Threshold Logic Circuit Design of Fast ...".

IEEE Trans. em Sistemas de Integração em Muito Grande Escala (VLSI). 23 (10): 2337–2341. ISSN
1063-8210.
[29]. James, A.P., et al. (2014-01-01). "Resistive Threshold Logic". Transacções IEEE em Sistemas de Integração em Muito Grande Escala (VLSI). 22(1): 190–195. ISSN 1063-8210.
[30]. James, A.P, et al (2015). "Threshold Logic Computing": Memristive-CMOS Circuits....".
Transacções IEEE em Sistemas de Integração em Muito Grande Escala (VLSI). 23 (11):2690–
2694.2694. ISSN 1063-8210.
[31]. Caravelli; et al. (2 Nov 2016). "A complexa dinâmica dos circuitos memristivos: analíticos
resultados e relaxamento lento universal". Revisão Física E 95.

Capítulo (5)
Programa de Computação e Sistemas Neurais

5.1. Prefácio

O programa Computation and Neural Systems (CNS) foi desenvolvido pela primeira vez no Instituto de Tecnologia da Califórnia em 1986, onde se investigou o interesse em explorar a relação entre a estrutura dos circuitos/redes semelhantes aos neurónios e os cálculos efectuados em tais sistemas, quer naturais quer sintéticos.

5.2. Histórico retrospectivo

Como é sabido, nos anos 80, tendo lançado as bases da VLSI [1], onde Carver Mead se interessou em explorar e estudar a relação entre o cálculo do cérebro e o efectuado em circuitos electrónicos analógicos de silício. Juntou-se a John Hopfield, que estava a estudar os fundamentos teóricos da computação neural [2], para desenvolver o seu estudo. Primeiro curso conjunto (Física da Computação) [3]. Depois disso, Richard Feynman juntou-se a eles e daí resultaram três cursos de sepa-rate, nomeadamente:

- Hopfield's em redes neuronais,
- Mead's em circuitos analógicos neuromórficos [4], e
- O curso de Feynman sobre a física da computação [3, 5].

Nesta altura, Mead e Hopfield decidiram emergir o seu trabalho com os cientistas neurais e as pessoas que fazem os modelos e circuitos informáticos, todos falando uns com os outros. No Outono de 1986, surgem questões sobre a interface entre a neurobiologia e a engenharia eléctrica, a informática e a física (Computação e Sistemas Neurais; CNS). Em princípio, o programa estava preocupado com a relação entre:

- estrutura física de um sistema computacional (hardware físico ou biológico),
- a dinâmica do seu funcionamento e
- os problemas computacionais que pode resolver.

O desenvolvimento deste programa depende do progresso em várias frentes anteriormente não relacionadas:

- análise de sistemas neurais complexos (tanto a nível de célula única como de rede **[6]**) utilizando uma variedade de técnicas (gravações de patch clamp, electrofisiologia intracelular e extracelular única e multiunidade de electrofisiologia no animal e técnicas de imagiologia cerebral funcional, tais como a ressonância magnética funcional (fMRI))
- análise teórica das estruturas nervosas, e
- modelação de redes neurais artificiais para fins de engenharia [2].

5.3. Simulação Cerebral

A simulação cerebral é o conceito, e o projecto científico actual de criar um modelo computorizado de ligações de neutrões cerebrais, pode ser do todo ou de partes do cérebro. Muitos projectos tentaram fazê-lo para alguns animais, sendo o projecto do Cérebro Azul um dos mais importantes destes.

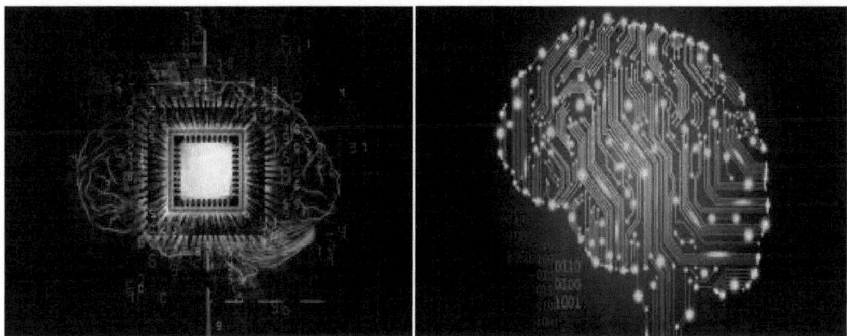

Simulação do cérebro

5.3.1. C. Elegans (Minhoca Redonda)

A conectividade do circuito neural para a sensibilidade ao toque do simples nemátodo C.Telegans (ténia) foi mapeada em 1985 [7], e parcialmente simulada em 1993 [8]. Vários modelos de simulação de software do sistema neural e muscular completo e, até certo ponto, do ambiente físico do verme, foram apresentados desde 2004, e estão, em alguns casos, disponíveis para down-loading [9, 10]. Contudo, ainda nos falta compreensão de como os neurónios e as ligações entre eles geram a gama surpreendentemente complexa de comportamentos que são observados neste organismo relativamente simples [11, 12].

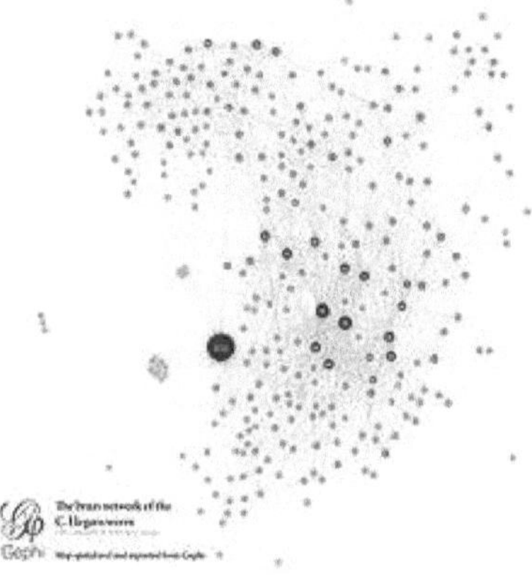

Mapa cerebral dos neurónios C. elegansroundworm 302, interligados por 5000 sinapses.

5.3.2. Drosophila Neural System

O cérebro pertencente à mosca da fruta Drosophila é também profundamente estudado, e um modelo simplificado é simulado [13].

5.3.3. Mapeamento e Simulação do Cérebro do Rato

Entre 1995 e 2005, Henry Markram mapeou os tipos de neurónios e as suas ligações numa tal coluna. O projecto Blue Brain, concluído em Dezembro de 2006 [14], visava a simulação de uma coluna neocórtica de rato, que pode ser considerada a menor unidade funcional do neocórtex (a parte do cérebro que se pensa ser responsável por funções superiores, como o pensamento consciente), contendo 10.000 neurónios (e 10^{8} sinapses). Em Novembro de 2007 [15], o projecto relatou o fim da primeira fase, entregando um processo orientado por dados para a criação, validação e investigação da coluna neocortical.

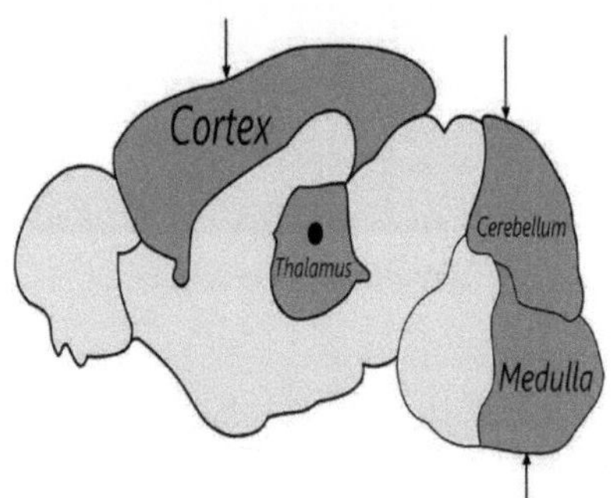

Cérebro de rato.

Uma rede neural artificial descrita como sendo "tão grande e tão complexa como metade de um cérebro de rato" foi gerida por uma equipa de investigação da Universidade do Nevada em 2007, num computador de gene-super azul da IBM. Um tempo simulado de um segundo levou dez segundos de tempo de computador. Os investigadores disseram ter visto impulsos nervosos "biologicamente consistentes" a fluir através do córtex virtual. No entanto, à simulação faltaram as estruturas vistas em cérebros reais de ratos, e pretendem impulsar a precisão do modelo neuronal [16].

5.3.4. O Cérebro Azul e o Rato

Blue Brain é um projecto, lançado em Maio de 2005 pela IBM e pelo Instituto Federal Suíço de Tecnologia em Lausanne, com o objectivo de criar uma simulação em computador de uma coluna cortical de mamíferos, até ao nível molecular [17]. O projecto utiliza um supercomputador baseado no desenho do gene azul da IBM para simular o comportamento eléctrico dos neurónios com base na sua conectividade sináptica e complemento de correntes de membrana intrínsecas.

O objectivo inicial do projecto, concluído em Dezembro de 2006 [18], era a simulação de uma coluna neocórticade rato, que pode ser considerada a menor unidade funcional do neocórtex (a parte do cérebro que se pensa ser responsável por funções superiores como o pensamento consciente), contendo 10.000 neurónios (e 10^{8}sinapses). Entre 1995 e 2005, Henry Markram mapeou os tipos de neurónios e as suas ligações numa tal coluna. Em

Novembro de 2007 [19], o projecto relatou o fim da primeira fase, entregando um processo orientado por dados para a criação, validação e pesquisa da coluna neocortical. O projecto procura eventualmente revelar aspectos da cognição humana e várias perturbações psiquiátricas causadas pelo mau funcionamento dos neurónios, tais como o autismo, e compreender como os agentes farmacológicos afectam o comportamento da rede.

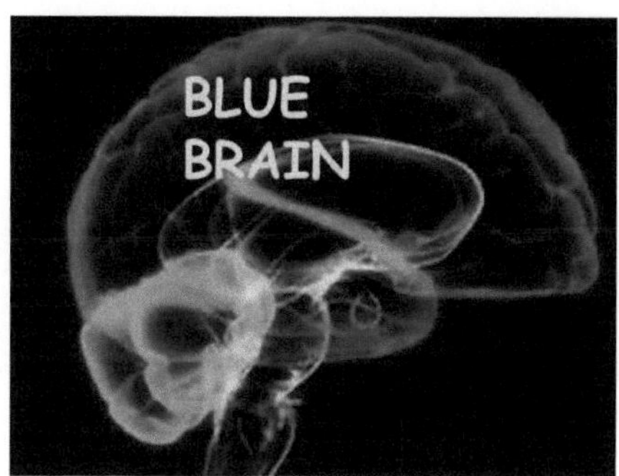

Cérebro azul.

5.4. Conecionismo

O conexismo é um conjunto de abordagens nos campos da inteligência artificial, da psicologia cognitiva, da ciência cognitiva, da neurociência e da filosofia da mente, que modelam a inteligência mental ou comportamental
fenómenos como os processos emergentes de redes interligadas de unidades simples. O termo foi introduzido por Donald Hebb na década de 1940 [20]. Existem muitas formas de conexionismo, mas as formas mais comuns utilizam modelos de redes neurais.

5.4.1. Princípios básicos

O princípio central de ligação é que os fenómenos mentais podem ser descritos por redes interligadas de unidades simples e frequentemente uniformes. A forma das ligações e das unidades pode variar de modelo para modelo. Por exemplo, as unidades na rede podem representar neurónios e as conexões podem representar sinapses como no cérebro de um ser humano.

5.4.1.1. Activação de difusão

Na maioria dos modelos de ligação, as redes mudam ao longo do tempo. Um aspectoestreitamente relacionado e muito comum dos modelos conexionistas é a activação. Em qualquer altura, uma unidade da rede tem uma activação, que é um valor numérico destinado a representar algum aspecto da unidade. Por exemplo, se as unidades no modelo forem neurónios, a activação pode representar a probabilidade de o neurónio gerar um pico de potencial de acção. A activação estende-se tipicamente a todas as outras unidades ligadas a ela. A activação disseminada é sempre uma característica dos modelos de redes neurais, e é muito comum em modelos conexionistas utilizados por psicólogos cognitivos.

5.4.1.2. Redes Neurais

As redes neurais são, de longe, o modelo de ligação mais comummente utilizado actualmente. Embora haja uma grande variedade de modelos de redes neurais, elas seguem quase sempre dois princípios básicos no que diz respeito à mente:

1. Qualquer estado mental pode ser descrito como um vector (N)-dimensional de valores de activação numérica sobre unidades neurais de uma rede.
2. A memória é criada modificando a força das ligações entre as unidades neurais. A força das ligações, ou "pesos", são geralmente representados como uma matriz N×N.

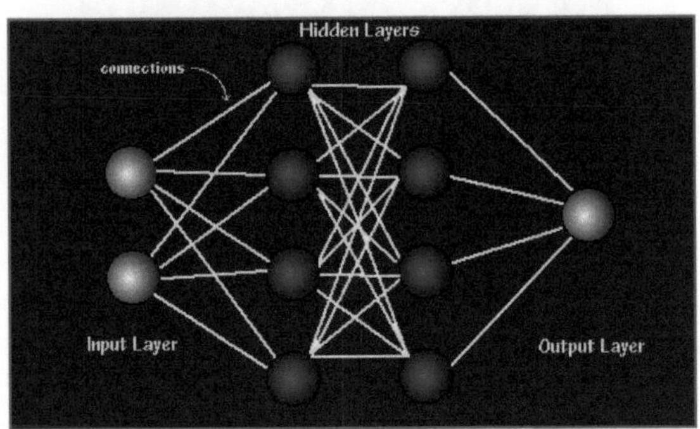

Rede neural

A maior parte da variedade entre os modelos de redes neurais vem de:

- **Interpretação de unidades:** As unidades podem ser interpretadas como neurónios ou grupos de neurónios.
- **Definição de activação:** A activação pode ser definida de várias maneiras. Por exemplo, numa máquina Boltzmann, a activação é interpretada como a probabilidade de gerar um pico de potencial de acção, e é determinada através de uma função logística sobre a soma das entradas para uma unidade.
- **Algoritmo de aprendizagem:** Diferentes redes modificam as suas ligações de forma diferente. Em geral, qualquer alteração matematicamente definida nos pesos das ligações ao longo do tempo é referida como o "algoritmo de aprendizagem".

Os congressistas concordam que as redes neurais recorrentes (redes dirigidas em que as ligações da rede podem formar um ciclo dirigido) são um modelo melhor do cérebro do que as redes neurais de alimentação antecipada (redes dirigidas sem ciclos, chamadas DAG). Muitos modelos de ligação recorrente também incorporam a teoria dos sistemas dinâmicos. Muitos investigadores, como o conexionista Paul Smolensky, argumentaram que os modelos conexionistas evoluirão para abordagens de sistemas dinâmicos, não lineares, totalmente contínuos e de alta dimensão.

5.4.1.3. Realismo Biológico

O ramo da rede neural do conexionismo sugere que o estudo da actividade mental é realmente o estudo dos sistemas neurais. Isto liga o conexionismo à neurociência, e os modelos envolvem vários graus de realismo biológico. O trabalho conexionalista em geral não precisa de ser biologicamente realista, mas alguns investigadores de redes neurais, neurocientistas computacionais, tentam modelar os aspectos biológicos dos sistemas neurais naturais muito de perto nas chamadas "redes neuromórficas". Muitos autores consideram a ligação clara entre a actividade neural e a cognição como um aspecto apelativo do conexionismo.

5.4.1.4. Aprendizagem

Os pesos numa rede neural são ajustados de acordo com alguma regra ou algoritmo de aprendizagem, tal como a aprendizagem Hebbian. Assim, os conecionistas criaram muitos proce=-dures de aprendizagem sofisticados para as redes neurais. A aprendizagem implica sempre a modificação dos pesos de conexão. Em geral, estes envolvem fórmulas matemáticas para determinar a alteração dos pesos quando determinados conjuntos de dados consistem em vectores de activação para alguns subconjuntos das unidades neuronais. Vários estudos têm-se centrado na concepção de métodos de ensino-aprendizagem baseados no conexionismo [21].

Hebbian Learning

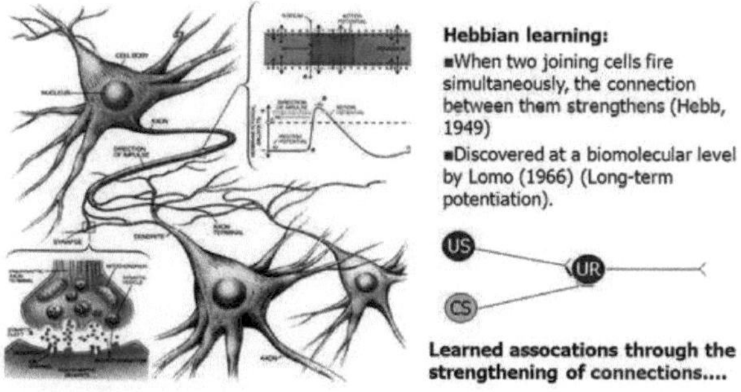

Aprendizagem hebbiana.

Ao formalizar a aprendizagem de tal forma, os connectionists têm muitas ferramentas. Uma estratégia muito comum nos métodos de aprendizagem conexionistas é incorporar a descida gradual sobre uma superfície de erro, num espaço definido pela matriz de peso. Toda a aprendizagem de descida de gradiente em modelos conexionistas envolve a alteração de cada peso pela derivada parcial da superfície de erro em relação ao peso. A retropropagação (BP), popularizada pela primeira vez na década de 1980, é provavelmente o algoritmo de descida de gradiente conexionista mais conhecido actualmente.

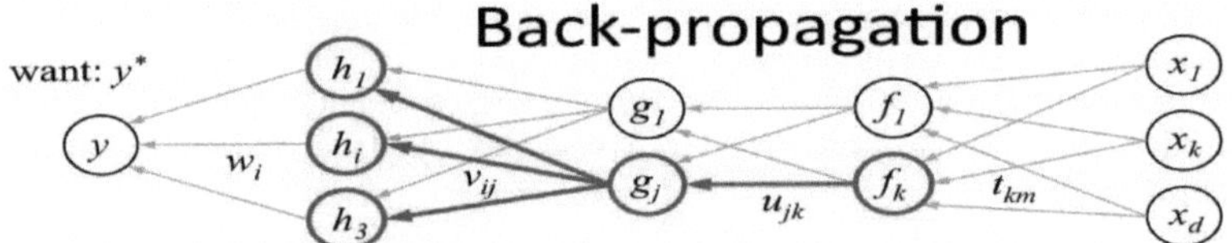

1. receive new observation $x = [x_1 \ldots x_d]$ and target y^*
2. **feed forward:** for each unit g_j in each layer $1 \ldots L$
   compute g_j based on units f_k from previous layer: $g_j = \sigma\left(u_{j0} + \sum_k u_{jk} f_k\right)$
3. get prediction y and error $(y\text{-}y^*)$
4. **back-propagate error:** for each unit g_j in each layer $L \ldots 1$

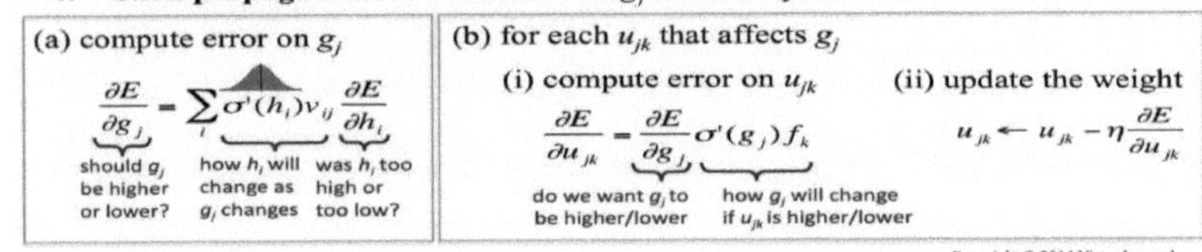

5.4.2. História

O conexismo pode ser atribuído a ideias com mais de um século, que foram pouco mais do que especulação até meados do século XX. Através do seu trabalho sobre a estrutura do sistema nervoso pelo qual ganhou o Prémio Nobel em 1906, o espanhol Santiago Ramón y Cajal estabeleceu a base para os estudos das redes neurais, mas só nos anos 80 é que o conexionismo se tornou uma perspectiva popular entre os cientistas.

5.4.2.1. Processamento Distribuído Paralelo (PDP)

Hoje em dia, a abordagemconexional predominante era originalmente conhecida como processamento distribuído paralelo (PDP). Era uma abordagem de rede neural artificial que sublinhava a natureza paralela do processamento neural, e a natureza distribuída das representações neurais. Proporcionava um quadro matemático geral para os investigadores operarem.

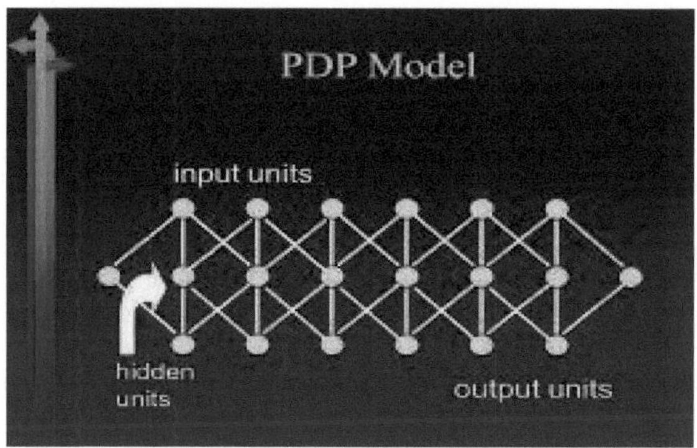

Processamento Distribuído Paralelo (PDP).

Nesta preocupação, o quadro envolvia o seguinte:

- Um conjunto de unidades de processamento, representado por um conjunto de números inteiros,
- Activação para cada unidade (vector de funções dependentes do tempo),
- Função de saída para cada unidade (vector de funções sobre as activações),
- Um padrão de conectividade entre unidades (matriz de números reais indicando a força de ligação),
- Uma regra de propagação difundindo as activações através das ligações (função sobre a saída das unidades)
- Uma regra de activação para combinar entradas a uma unidade para determinar a sua nova activação (uma função sobre a activação e propagação actual),
- Uma regra de aprendizagem para modificar ligações com base na experiência (alteração dos pesos com base em qualquer número de variáveis) e
- Um ambiente que proporciona ao sistema experiência (conjuntos de vectores de activação para alguns subconjuntos das unidades),

Nesta preocupação, foram realizados diferentes trabalhos de investigação, em 1970th , que conduziram ao desenvolvimento do PDP, mas o PDP tornou-se popular nos anos 80.

5.4.2.2. Trabalho anterior

As raízes directas do Processamento Distribuído Paralelo (PDP) representam as teorias básicas dos investigadores, onde os modelos de percepção foram tornados muito impopulares por Marvin Minsky e Seymour Papert, publicados em 1969. Determina os limites das funções que as percepções de camada única podem calcular, e mostra que mesmo funções simples como a disjunção exclusiva (XOR) não podiam ser tratadas correctamente. Finalmente, os livros PDP eliminam esta limitação mostrando: aquelas redes neurais multi-níveis e não lineares eram muito mais robustas e possivelmente utilizadas para uma vasta gama de funções [22-25].

5.5. Referências

[1]. C. Mead e L. Conway, Introdução aos sistemas VLSI. Addison-Wesley Reading Mass. (1980)

[2]. Hopfield, J. J. Redes neurais e sistemas físicos com Computa colectiva emergente... capacidades regionais. Proc. NatL Acad. Sci. USA Vol. 79, pp. 2554-2558, Abril 1982

[3]. Shirley K. Cohen, Entrevista com Carver Mead. Arquivos do Instituto da Califórnia de Tecnologia.

[4]. C. Mead, VLSI analógica e sistemas neurais. Addison-Wesley (1989)

[5]. R.P. Feynman, Feynman Lectures on Computation. Tony Hey e Robin W. Allen ed. Perseus Books Group (2000) ISBN 0738202967

[6]. D.J. Felleman, D.C. Van Essen. Processamento hierárquico distribuído no primata cerebral
córtex. Córtex Cerebral, 1 (1) (1991).

[7]. Chalfie M; Sulston JE; White JG; Southgate E; Thomson JN; et al. (Abril de 1985). O Journal of Neurocience. 5 (4): 956–64. PMID 3981252.

[8]. Niebur E; Erdös P (Novembro de 1993). "Theory of the locomotion of nematodes: control of
os neurónios motores somáticos por interneurónios". Biociências matemáticas. 118 (1): 51–82.

[9]. Bryden, J., et al. (2004). From Animals to Animats 8: Proceedings of the eighth Conferência Internacional sobre a Simulação do Comportamento Adaptativo. pp. 183-92.

[10]. C. Simulação Elegans, projecto de software de código aberto em Github

[11]. Mark Wakabayashi Archived May 12, 2013, na Wayback Machine, com links para Software de simulação MuCoW, um vídeo de demonstração e a tese de doutoramento Computacional
Plausibility of Stretch Receptors as the Basis for Motor Control in C. elegans, 2006.

[12]. Mailler, R.; Avery, J.; Graves, J.; Willy, N. (7-13 de Março de 2010). "A Biologicamente
Modelo 3D exacto da Locomotiva de Caenorhabditis Elegans". 2010 Intr. Conf. em Biociências. pp. 84-90. ISBN 978-1-4244- 5929-2.

[13]. Arena, P., et al., An insect brain computational model inspired by Drosophilas........", A Conferência Internacional Conjunta de 2010 sobre Redes Neurais (IJCNN).

[14]. "Marcos do Projecto". Cérebro Azul. Recuperado em 2008-08-11.

[15]. "Notícias e informação da imprensa". Cérebro Azul. Arquivado em 2008-09-19. Recuperado em 2008-08-
11.

[16]. "Mouse brain simulated on computer". BBC News. 27 de Abril de 2007.

[17]. Herper, Matthew (6 de Junho de 2005). "IBM Aims To Simulate A Brain". Forbes. Recuperado em 2006-05-19.

[18]. "Marcos do Projecto". Cérebro Azul. Recuperado em 2008-08-11.

[19]. "Informação sobre notícias e meios de comunicação social". Cérebro Azul. Arquivado em 2008-09-19. Recuperado em 2008-08-
11.

[20]. Rumelhart, D.E., J.L. McClelland e o Grupo de Investigação PDP (1986). Distri-
Processamento enterrado: Explorações na Micro-estrutura de Cognição. Vol. 1: Fundações,
Cambridge, MA: MIT Press, ISBN 978-0262680530

[21]. McClelland, J.L., D.E. Rumelhart e o Grupo de Investigação PDP (1986). Paralelo

Processamento distribuído: Explorações na Micro-estrutura de Cognição. Volume 2: Modelos Psicológicos e Biológicos, Cambridge, MA: MIT Press, ISBN 978-0262631105
[22]. Pinker, Steven e Mehler, Jacques (1988). Connections and Symbols, Cambridge MA: MIT Press, ISBN 978-0262660648
[23]. Jeffrey L. Elman, Elizabeth A. Bates, Mark H. Johnson, Annette Karmiloff-Smith, Domenico Parisi, Kim Plunkett (1996). Repensar a Inateness: Um conexionista perspectiva do desenvolvimento, Cambridge MA: MIT Press, ISBN 978-0262550307
[24]. Marcus, Gary F. (2001). The Algebraic Mind: Integrating Connectionism and Cognitive Science (Learning, Development, and Conceptual Change), Cambridge, MA: MIT Imprensa, ISBN 978-0262632683.
[25]. David A. Medler (1998). "A Brief History of Connectionism". Computação Neural Inquéritos. 1: 61–101.

Capítulo (6)

Teoria e Análise Psicodinâmica

6.1. Teoria Psicodinâmica

As teorias psicanalíticas explicam o comportamento humano em termos da interacção de vários componentes da personalidade. Sigmund Freud foi o fundador desta escola de pensamento. Freud recorreu à física da sua época (termodinâmica) para cunhar o termo psicodinâmica. Com base na ideia de converter calor em energia mecânica, propôs que a energia psíquica pudesse ser convertida em comportamento. A teoria de Freud atribui importância central aos conflitos psicológicos dinâmicos e inconscientes.

Freud dividiu a personalidade humana em três componentes significativos: o id, ego, e super-ego. O id actua de acordo com o princípio do prazer, exigindo gratificação imediata das suas necessidades independentemente do ambiente externo; o ego deve então emergir a fim de satisfazer realisticamente os desejos e exigências do id de acordo com o mundo exterior, aderindo ao princípio da realidade. Finalmente, o superego (consciência) inculca juízo moral e regras sociais sobre o ego, forçando assim as exigências do id a serem satisfeitas não só de forma realista mas também moral. O superego é a última função da personalidade a desenvolver e é a encarnação dos ideais parenquimétricos/sociais estabelecidos durante a infância. Segundo Freud, a personalidade é baseada nas interacções dinâmicas destes três componentes [1].

6.1.1. Introdução

A teoria psicanalítica compreende a psicopatologia dentro de um quadro de desenvolvimento. Perturbações mentais como a depressão são vistas como enraizadas no passado individual de um paciente, ou seja, ou como um resíduo de experiência inicial ou como a expressão de modos primitivos de funcionamento psíquico. Dentro desta estrutura, os conceitos psicanalíticos centram-se nas consequências de interacções precoces com outras importantes. Pensa-se que estas influenciam não só o desenvolvimento do funcionamento psíquico, mas também a construção do conteúdo do eu individual. O eu como a parte subjectivamente experimentada de uma psique é visto como uma integração de representações. Estas representações são memórias de interacções passadas com os outros que moldam a forma como nos experienciamos a nós próprios e aos outros no presente. Sendo parte da memória implícita, as representações funcionam como esquemas que operam abaixo da consciência. Sempre que um indivíduo toma parte numa interacção social, as representações servem como base de conhecimento e formam expectativas. Diferentes termos têm sido utilizados na teoria psicanalítica para designar representações psíquicas: Kernberg (1984) concentrou-se na dissociação de tríades de auto-objectivos positivos e negativos na organização da personalidade na fronteira. Stern (2000) descreveu o processo normal de armazenar na memória episódica as experiências repetidas de cuidadores infantis como "representações de interacções que foram genera-lizadas" (RIGs). Na opinião de Stern, os RIGs criam uma expectativa inconsciente do outro ("a mãe comportar-se-á de uma forma como já se comportou antes"), mas novas experiências com outros significativos podem mudar os RIGs. Quanto mais velho um indivíduo se tornar, mais interacções contribuirão para a formação de RIGs, o que por sua vez levará a uma menor capacidade de mudança das representações. A contribuição única do conceito de Sandler e Sandler (1998) de relações internas de auto-objecto, tais como fantasias, pensamentos, e afins que servem de padrão ou modelo para qualquer actividade psíquica, é como as representações internalizadas formam o comportamento. Os objectos internos pressionam um indivíduo inconscientemente a repetir interacções passadas, forçando outros nos papéis dos seus objectos internos e criando assim uma identidade de percepção com o mundo interior e o mundo exterior.

No presente documento, a teoria representativa dos modelos de trabalho interior (MTI) de fixação será aplicada porque é empiricamente bem validada. Após uma breve introdução à teoria da penhora, este capítulo centra-se na questão de como a depressão pode ser compreendida da perspectiva da teoria da penhora. Além disso, abordarei se e como as representações psíquicas em pacientes deprimidos podem ser alteradas na psicoterapia psicanalítica a partir de um estudo recente de psicoterapia.

6.1.2. Síndromes Psicológicas

Teoria psicanalítica tradicional que a dor pode ser um meio para salvar o rosto e expressar as desculpas dos sintomas depressivos subjacentes; daí, uma depressão mascarada. Os indivíduos com tais dinâmicas interpsíquicas tinham sido rotulados como "personalidades propensas à dor". Esta tem sido uma construção penetrante, e continua a ter apoiantes [3].

Contudo, investigações e revisões bibliográficas mais recentes apontam para sintomas depressivos emer-ging como consequência da experiência de dor crónica. O peso diário da dor crónica tem sido descrito como "grandes acontecimentos fatídicos" que resultam em grande sofrimento psicológico e em mudanças significativas e negativas no estilo de vida. Os indivíduos com uma predisposição biológica para a depressão (a "hipótese da cicatriz") podem ser mais vulneráveis ao desenvolvimento de sintomas depressivos à medida que a sua condição se agrava. Em suma, há um movimento de afastamento da ideia de personalidades propensas à dor [2].

6.1.3. Teorias Psicanalíticas

Na teoria psicanalítica, como na teoria da recapitulação de Hall, a adolescência é vista como um período inerente de convulsões desencadeadas pelas mudanças inevitáveis da puberdade. Segundo Freud, as alterações hormonais da puberdade perturbam o equilíbrio psíquico que tinha sido alcançado durante a fase psicossexual anterior, a latência. Como as alterações hormonais da puberdade são responsáveis por aumentos acentuados do impulso sexual, pensava-se que o adolescente seria temporariamente lançado num período de crise intra-psíquica, e antigos conflitos psicossexuais, há muito enterrados no inconsciente, foram reavivados. Freud e os seus seguidores acreditavam que o principal desafio da adolescência era restaurar um equilíbrio psíquico e resolver estes conflitos. Trabalhar através destes conflitos era necessário, acreditava Freud, para que o indivíduo pudesse passar para o que descreveu como a fase final e mais madura do desenvolvimento psicossexual - a fasegenital. Só nesta fase de desenvolvimento é que os indivíduos eram capazes de ter relações sexuais maduras com parceiros românticos.

A filha de Freud, Anna Freud (1958), estendeu muito do pensamento do seu pai ao estudo do desenvolvimento durante a segunda década de vida. O seu trabalho mais importante, intitulado Adolescência, prosseguiu a tradição iniciada por Hall ao lançar a adolescência como uma época de conflitos inevitáveis e de tumultos tanto intra-psíquicos como familiares. Segundo o seu ponto de vista, a revivificação dos primeiros conflitos psicossexuais, causados pelas alterações hormonais da puberdade, motivou o adolescente a cortar laços emocionais com os seus pais e a recorrer aos seus pares como objectos de desejo sexual e afecto emocional. Descreveu a adolescência como um período de "perturbação normativa" e argumentou que a oposição e o desafio que muitos pais encontraram nos seus adolescentes era não só normal, mas desejável. De facto, Anna Freud acreditava que os adolescentes precisavam de se afastar dos seus pais para se tornarem adultos saudáveis e maduros, um processo conhecido como desapego.

Com o tempo, as teorias psicanalíticas da adolescência passaram a colocar menos ênfase no processo de desapego ou no papel motivador da puberdade, e começaram a enfatizar as capacidades psicológicas que se desenvolveram à medida que o adolescente negociava um caminho para a independência e maturidade adulta. Os teóricos psico-analíticos da adolescência na segunda metade do século XX desviaram a sua atenção da análise dos impulsos e concentraram-se, em vez disso, nas aptidões e capacidades que os indivíduos desenvolveram para resolver conflitos internos e estabelecer e manter relações maduras com outros, especialmente com outros fora da família. Os três escritores mais importantes desta tradição neo-analítica são Peter Blos (1979), cuja teoria do desenvolvimento da adolescência - o desenvolvimento - enfatiza o crescimento da autonomia emocional dos pais, um processo chamado individualização; Harry Stack Sullivan (1953), cuja visão da adolescência gira em torno da necessidade crescente do jovem e da sua capacidade de relações íntimas e sexuais com os seus pares; e Erik Erikson (1968), que se concentrou na procura de um sentido de identidade por parte do adolescente. De longe, o mais importante dos três teóricos tem sido Erik Erikson.

A teoria do ciclo de vida de Erikson propôs oito fases no desenvolvimento psicossocial, cada uma caracterizada por uma "crise" específica que surgiu nesse ponto do desenvolvimento devido à interacção entre as forças internas da biologia e as exigências únicas da sociedade. Segundo ele, a adolescência gira em torno da crise de identidade vs. difusão da identidade. O desafio da adolescência é resolver com sucesso a crise de identidade e emergir do período com um sentido coerente de quem se é e para onde se dirige. Para o fazer, o adolescente precisa de tempo para experimentar diferentes papéis e personalidades. Erikson acreditava que os adolescentes precisavam de um período de tempo durante o qual estivessem livres de uma responsabilidade excessiva - uma moratória psicossocial, como ele a descreveu - a fim de desenvolver um forte sentido de identidade. Esta visão da adolescência como um período durante o qual os indivíduos 'se encontram' através da exploração e experimentação tem sido um tema de longa data em retratos da adolescência na literatura, no cinema e na televisão. De facto, a noção de Erikson da crise de identidade é uma das ideias mais duradouras das ciências sociais [4].

Seguindo a teoria psico-analítica, vários investigadores consideram as EQM como mecânico-comunitárias adeptas numa situação desesperada e ameaçadora para a vida. Noyes e Kletti foram influentes com a sua sugestão de que a experiência durante uma EQM pode reflectir uma forma de despersonalização, em que o sujeito ameaçado 'separa' do corpo e dos acontecimentos actuais para ser 'dissociado' das consequências insuportáveis da morte e da dor. Pfister foi talvez o primeiro a propor uma teoria psicanalítica da EQM. Seguindo os relatos de Heim sobre EQMs em sobreviventes de queda, ele sugeriu que "pessoas confrontadas com um perigo potencialmente inescapável tentam excluir esta realidade desagradável da consciência e "substituí-la" por fantasias agradáveis que as protegem de serem paralisadas pelo choque emocional". Por este processo, argumentou-se então que os sujeitos "se dividiram" num eu observador e num corpo. A componente EFC de muitas EQM, em particular, tem sido vista como a correlação experimental prototípica deste desprendimento. Contudo, este relato psicanalítico tem sido criticado por vários motivos, principalmente devido à falta de provas empíricas a seu respeito e às diferenças entre os sintomas de dissociação nas populações psiquiátricas e os relatos dos sujeitos da EQN, bem como por muitas preocupações metodológicas e científicas sobre a própria psicanálise. Outros autores psicológicos sugeriram que as EQMs são a consequência de uma tendência humana para negar a morte, a libertação de conceitos arquetípicos de morte, ou a regressão (simbólica ou literal) à experiência de vir à vida. Estas abordagens das ENDs sofrem das mesmas preocupações metodológicas e científicas que as proposições psicanalíticas.

Mais abordagens quantitativas propuseram a análise de variáveis psicológicas de pessoas com EQM, tal como estimado por entrevistas e inquéritos por questionário. No entanto, tal como com as EFC, não foram encontradas características psicopatológicas claras e os sujeitos com EQM e sem EQM não diferem no que diz respeito a medidas de inteligência, extraversão, neuroticismo, ou ansiedade. Inoportunamente, apenas um pequeno número de sujeitos com EQN foram estudados desta forma sistemática. Verificou-se também que as pessoas com EQM relatavam mais frequentemente as chamadas expe-riências paranormais anteriores à sua EQM, bem como outras experiências complexas como EFC, sentimentos de estar unido ao universo, sentir a presença de Deus e de outras entidades do mundo, ou ter memórias de vidas passadas. Kohr encontrou tendências semelhantes em pessoas com EQN: relataram repetidas EFC e maior interesse em sonhos, vidas passadas, e meditação. Isto sugere que os sujeitos com EQM podem diferir de outros sujeitos por serem mais abertos a experiências invulgares (e também dispostos a relatá-las) e por estarem atentos aos chamados estados interiores. Pode também ser que esta traição de personalidade esteja ligada ao conceito mais amplo de "pensamento mágico", que se tem demonstrado depender da actividade hemisférica direita e da afinidade com o pensamento "paranormal". As pessoas com EQN, bem como as pessoas com EFC, também pontuam mais do que os sujeitos de controlo na absorção (uma medida que se refere à tendência para mergulhar na imaginação e estados internos) e o traço conexo da prontidão fantasiosa (uma tendência para ter alucinações vívidas, distinção desfocada entre realidade e imaginação, experiências sensoriais melhoradas e imagens visuais elevadas). O facto de este factor de personalidade ser partilhado entre sujeitos com EFC e EQN sugere novamente factores predisponentes comuns. Numa nota relacionada, Ring sugeriu que os sujeitos com EQN são mais susceptíveis de ter sofrido abusos, stress, doenças e problemas sociais durante a infância do que um grupo de controlo. Medidas de dissociação (e despersonalização) também têm sido associadas às END. Os sujeitos com EQM tiveram uma pontuação superior à dos controlos, mas ficaram abaixo da gama de condições patológicas sobre esta medida. Britton e Bootzin também encontraram pontuações significativamente mais elevadas no seu grupo de sujeitos da Escala de Experiências Dissociativas (END) do que no seu grupo de controlo (mais uma vez estas pontuações foram diferentes entre ambos os grupos, mas dentro da escala normal).

6.1.4. Teoria Associativa

A teoria psico-analítica clássica tem uma visão diferente das associações e da criatividade. Em essência, as diferenças individuais no conforto com a ideação do processo primário explicam o número e a originalidade das associações. O pensamento do processo primário é, segundo Robert Holt, o conteúdo oral, agressivo e libidinal e o pensamento ilógico relacionado com esse conteúdo. Trata-se de um sistema de pensamento primitivo, primitivo e evolutivo, não sujeito à lógica e fortemente carregado de efeitos. Sigmund Freud pensou que se os indivíduos reprimissem pensamentos e desejos 'perigosos', então haveria uma restrição intelectual geral. Num modo de pensamento primário, as ideias são facilmente permutáveis e a atenção é ampla e flexivelmente distribuída. Deveria haver uma procura mais ampla de associações para indivíduos confortáveis com a ideação do processo primário. Há um forte apoio empírico ou esta hipótese sobre várias formas de pensar e de associação divergentes, especialmente com participantes masculinos [5].

A perspectiva psico-dinâmica é consistente com a teoria associativa de Mednick. Ela fornece uma explicação para o porquê de alguns indivíduos terem uma hierarquia associativa tão íngreme e outros terem uma hierarquia plana. Existe uma ligação mais flexível entre as ideias para os indivíduos que têm um acesso mais fácil ao pensamento do processo primário. Não existe uma ligação tão forte entre ideias e imagens para que possa ocorrer uma maior flexibilidade de pensamento e associações.

Para que a verdadeira produção criativa ocorra, os indivíduos devem ir e vir entre o pensamento do processo primário e o pensamento mais lógico (processo secundário). Esta capacidade de aceder ao processo primário de uma forma controlada é o conceito de Ernst Kris de "regressão ao serviço do ego". Porque a produção de um produto novo e útil requer associações e avaliação originais, são necessárias tanto associações amplas como pensamento crítico. O RAT mede de facto ambos os processos. Como mencionado anteriormente, o RAT não é uma tarefa de associação pura. Foi categorizado como mais próximo de uma tarefa de insight porque requer associações amplas, mas depois tem uma resposta correcta que deve ser seleccionada. Em termos psicodinâmicos, é necessário aceder ao pensamento do processo primário e depois utilizar a avaliação crítica para seleccionar a resposta correcta. A produção criativa é, pelo menos, um processo em duas fases. Numa tentativa de testar esta suposição, James Murray e Sandra Russ utilizaram o RAT com estudantes universitários. Também lhes deram o Rorschach e pontuaram-no com a medida bem validada do processo primário de Holt. A pontuação de regressão adaptativa no Rorschach reflecte tanto o conteúdo do processo primário como o controlo desse conteúdo. Esta pontuação está significativamente relacionada com o RAT para a amostra total e mais fortemente nos participantes masculinos ($r = 0,42$). Esta relação-nave foi independente das pontuações do SAT. Além disso, a regressão adaptativa relacionada com o RAT foi mais forte do que com medidas de pensamento divergente. Concluímos a partir deste estudo que um processo em duas fases contabilizava as operações cognitivas subjacentes à regressão adaptativa e ao RAT. A primeira fase foi uma fase generativa, enquanto a segunda fase foi uma fase avaliativa. Nesse sentido, o RAT é uma medida mais global do que são testes de pensamento divergentes e é um reflexo mais preciso do processo criativo.

6.1.4.1. Deixar o corpo e a vida para trás

Seguindo a teoria psicanalítica, vários investigadores consideram as EQM como mecânicas adeptas -desenvolvidas numa situação desesperada e ameaçadora para a vida. Noyes e Kletti foram influentes com a sua sugestão de que a experiência durante uma EQM pode reflectir uma forma de despersonalização, em que o sujeito em perigo "se separa" do corpo e dos acontecimentos actuais para ser "separado" das consequências intoleráveis da morte e da dor. Na sequência do relatório de Albert Heim sobre as EQMs em sobreviventes da queda, Oskar Pfister sugeriu que "pessoas confrontadas com um perigo potencialmente inescapável tentam excluir esta realidade desagradável da consciência e "substituí-la" por fantasias agradáveis que as protegem de serem paralisadas pelo choque emocional". Por este processo, argumentou-se então que os sujeitos "se dividiram" num eu observador e num corpo. A componente EFC de muitas EQM, em particular, tem sido vista como a correlação experimental prototípica deste desprendimento. Autores psicológicos sugeriram que as EQMs são a consequência de uma tendência humana para negar a morte, a libertação de conceitos arquetípicos de morte, ou a regressão (simbólica ou literal) à experiência de vir à vida. Estas abordagens das ENDs sofrem das mesmas preocupações metodológicas e científicas que as proposições psico-analíticas [6].

Mais abordagens quantitativas propuseram a análise de variáveis psicológicas de pessoas com EQM, tal como estimado por entrevistas e inquéritos por questionário. Contudo, em comparação com as EFC, ainda não foram encontradas características psicopatológicas claras. Também não foram encontrados indivíduos com EQN e sem EQN que diferissem em relação a medidas de inteligência, extraversão, neurótica, ou ansiedade. Infelizmente, apenas um pequeno número de sujeitos com EQN foram estudados desta forma sistemática. No entanto, descobriu-se que as pessoas com EQM relatavam mais frequentemente as chamadas experiências paranormais anteriores à sua EQM (Greyson, 2003; Groth-Marnat, 1994), bem como outras experiências complexas, tais como EFC, sentimentos de estar unido ao universo, sentir a presença de Deus e de outras entidades verbais, ou ter memórias de vidas passadas. Observou-se também que as pessoas com EFC tendem a relatar repetidas EFC e maior interesse em sonhos, vidas passadas e meditação, sugerindo que os sujeitos com EFC podem diferir de outros sujeitos por serem mais abertos a experiências invulgares (e também dispostos a relatá-las) e por estarem atentos aos chamados estados interiores. Pode também ser que esta traite da personalidade esteja ligada ao conceito mais amplo de "pensamento mágico", que se tem demonstrado depender da actividade hemisférica direita e da afinidade com o pensamento "paranormal".

6.1.4.2. Hysteria

Segundo a teoria psicanalítica, a escolha do sintoma é determinada pelo seu significado simbólico para o doente, e sem dúvida que por vezes é assim. Normalmente, porém, é determinada por expectativas culturais e pela própria experiência de doença do sujeito, em si ou nos outros. O enfermeiro que desenvolve cegueira histérica, por exemplo, teve conjuntivite grave quando criança, e o jovem que perde o uso das pernas teve um avô que ficou preso em casa durante anos após um derrame [7].

Tal como o desenvolvimento de sintomas histéricos é fortemente encorajado por situações em que o equilíbrio das vantagens e desvantagens da doença supera as da saúde, também a recuperação é encorajada por uma inversão desse equilíbrio de vantagens. É por isso que o sintoma se desvanece normalmente se a situação que provocou o seu aparecimento se resolver por si mesma. Contudo, se essa situação persistir, ou se as insuficiências do sujeito forem primordiais, as vantagens e desvantagens do sintoma escolhido tornam-se importantes. É por isso que sintomas incapacitantes, como cegueira ou incapacidade de estar de pé ou andar, têm um prognóstico comparativamente bom, enquanto os que podem ser ligados ou desligados conforme a ocasião o exija, como ataques ou vómitos, ou causar pouca incapacidade, como tremores, são mais intratáveis.

6.2. Psicanálise

6.2.1. Prefácio

Em poucas palavras, Psicanálise:

1- um conjunto de teorias e de técnicas terapêuticas,
2- que lidam em parte com a mente inconsciente, e
3- que em conjunto formam um método de tratamento de perturbações mentais.

A disciplina foi estabelecida no início da década de 1890 pelo neurologista austríaco Sigmund Freud, que desenvolveu a prática a partir do seu modelo teórico de organização e desenvolvimento da personalidade, a teoria psicanalítica [8]. O trabalho de Freud deriva em parte do trabalho clínico de Josef Breuer e outros. A psicanálise foi mais tarde desenvolvida em diferentes direcções, principalmente por estudantes de Freud, como Alfred Adlerand, seu colaborador, Carl Gustav Jung,

4- bem como por pensadoresneo-Freudianos, tais como Erich Fromm, Karen Horney, e Harry Stack Sullivan [9].

Freud distinguiu entre uma mente consciente e inconsciente, argumentando que a mente inconsciente determina em grande parte o comportamento e a capacidade de cognição aos impulsos instintivos inconscientes. Freud observou que as tentativas de trazer tais impulsos à consciência desencadeia resistência sob a forma de mecanismos de defesa, particularmente de repressão, e que os conflitos entre material consciente e não consciente podem resultar em perturbações mentais. Também postulou que o material inconsciente pode ser encontrado em sonhos e actos não intencionais, incluindo maneirismos e deslizamentos freudianos. A terapia psicanalítica desenvolveu-se como um meio para melhorar a saúde mental, trazendo material inconsciente para a consciência. Os psicanalistas colocam uma grande ênfase na primeira infância no desenvolvimento de um indivíduo. Durante a terapia, um psicanalista visa induzir a transferência, através da qual os pacientes revivem os seus conflitos infantis projectando no analista sentimentos de amor, dependência e raiva [10, 11].

Durante as sessões psicanalíticas um paciente deita-se tradicionalmente num sofá, e um analista senta-se mesmo atrás e fora da vista. O paciente expressa os seus pensamentos, incluindo associações livres, fantasias e sonhos, dos quais o analista infere os conflitos inconscientes que causam os sintomas e problemas de carácter do paciente. Através da análise destes conflitos, que inclui a interpretação da transferência e contra-transferência (os sentimentos do analista pelo paciente), o analista confronta os mecanismos de defesa patológica do paciente para ajudar o paciente a compreender-se melhor [12].

A psicanálise é uma disciplina controversa, e a sua eficácia como tratamento tem sido contestada, embora mantenha influência no seio da psiquiatria.

5- Os conceitos psicanalíticos são também amplamente utilizados fora da arena terapêutica, em áreas como a crítica literária psicanalítica, bem como na análise de filmes, contos de fadas, perspectivas filosóficas como o Freudo-Marxismo e outros fenómenos culturais.

6.2.2. História

6.2.3. 1890s

A ideia de psicanálise (alemão: Psychoanalyse) começou a receber séria atenção sob Sigmund Freud, que formulou a sua própria teoria da psicanálise em Viena nos anos 1890. Freud era aneurologista para encontrar um tratamento eficaz para os pacientes dentro dos sintomas histéricos de neuroticorpos. Freud apercebeu-se de que havia processos mentais que não eram conscientes enquanto estava empregado como consultor neurológico no Hospital Infantil, onde notou que muitas crianças afásicas não tinham uma causa orgânica aparente para os seus sintomas. Escreveu então uma monografia sobre este assunto [13]. Em 1885, Freud obteve uma bolsa para estudar com Jean-Martin Charcot, um famoso neurologista, no Salpêtrièrein Paris, onde acompanhou as apresentações clínicas de Charcot, particularmente nas áreas de histeria, paralisia e anestesia. Charcot tinha introduzido o hipnotismo como um instrumento experimental de investigação e desenvolvido a representação fotográfica dos sintomas clínicos.

A primeira teoria de Freud para explicar sintomas histéricos foi apresentada em Studies on Hysteria (1895; Studien über Hysterie), co-autoria com o seu mentor o ilustre médico Josef Breuer, que foi geralmente visto como o nascimento da psicanálise [14]. O trabalho baseou-se no tratamento de Bertha Pappenheim por Breuer, referido em estudos de caso pelo pseudónimo "Anna O.", tratamento a que a própria Pappenheim tinha apelidado de "cura falante". Breuer escreveu que muitos factores poderiam resultar em tais sintomas, incluindo vários tipos de traumas emocionais, e também creditou trabalho de outros como Pierre Janet; enquanto Freud argumentou que na raiz dos sintomas histéricos estavam memórias reprimidas de ocorrências angustiantes, tendo quase sempre associações sexuais directas ou indirectas [14].

Por volta da mesma altura, Freud tentou desenvolver uma teoria neurofisiológica de mecanismos mentais inconscientes, da qual rapidamente desistiu. Esta teoria permaneceu inédita durante a sua vida [15]. O termo "psicanálise" (psychanalyse) foi introduzido pela primeira vez por Freud no seu ensaio intitulado "Hereditariedade e etiologia das neuroses" ("L'hérédité et l'étiologie des névroses"), escrito e publicado em francês em 1896 [16, 17].

Em 1896, Freud publicou também a sua teoria da sedução, afirmando ter descoberto memórias reprimidas de incidentes de abuso sexual para todos os seus pacientes actuais, das quais propôs que as condições prévias para os sintomas histéricos são excitações sexuais na infância [18]. Embora em 1896 ele tivesse relatado que os seus pacientes "não tinham a sensação de se lembrarem das cenas [sexuais infantis]", e assegurou-lhe "enfaticamente da sua descrença" [18], em relatos posteriores ele afirmou que eles lhe tinham dito que tinham sido abusados sexualmente na infância. Em 1898 ele tinha reconhecido em privado ao seu amigo e colega Wilhelm Fliessthat que já não acreditava na sua teoria, embora não o tivesse declarado publicamente até 1906 [19].

Com base nas suas afirmações de que os pacientes relataram experiências de abuso sexual infantil, Freud alegou sub-sequentemente que os seus achados clínicos em meados da década de 1890 forneceram provas da ocorrência de fantasias inconscientes, supostamente para encobrir memórias de masturbação infantil [19]. Só muito mais tarde ele reivindicou as mesmas descobertas que as provas dos desejos edipais [20]. Na segunda metade do século XX, vários estudiosos de Freud desafiaram a percepção de Freud sobre os pacientes que o informaram do abuso sexual infantil, argumentando que ele tinha imposto as suas noções pré-concebidas aos seus pacientes [21-23].

Em 1899, Freud tinha teorizado que os sonhos tinham um significado simbólico, e geralmente eram específicos para o sonhador. Freud formulou a sua segunda teoria psicológica - que pressupõe que o inconsciente tem ou é um "processo primário" constituído por pensamentos simbólicos e condensados, e um "processo secundário" de pensamentos lógicos e conscientes. Esta teoria foi publicada no seu livro de 1899, A Interpretação dos Sonhos, que Freud considerava como a sua obra mais significativa [24, 25]. Freud delineou uma nova teoria topográfica, que teorizava que desejos sexuais inaceitáveis eram reprimidos no "Inconsciente do Sistema". Estes desejos foram tornados inconscientes devido à condenação pela sociedade da actividade sexual pré-matrimonial, e esta repressão criou ansiedade. Esta "teoria topográfica" ainda é popular em grande parte da Europa, embora tenha caído em desuso em grande parte da América do Norte, onde tem sido largamente suplantada pela teoria estrutural [26]. Além disso, a Interpretação da primeira conceptualização de Freud Dreamscontained do complexo Edipal, que afirmava que os jovens rapazes são sexualmente atraídos pelas suas mães e invejosos dos seus pais por poderem ter relações sexuais com as suas mães.

O psicólogo Frank Sullowayin no seu livro Freud, Biólogo da Mente: Beyond the Psycho-analytic Legendargues que as teorias biológicas de Freud como a libido estavam enraizadas na hipótese biológica que acompanhou a obra de Charles Darwin, citando teorias de Krafft-Ebing, Molland, Havelock Ellis, Haeckel, Wilhelm Fliessas influenciando Freud [27].

6.2.4. 1900-1940sEditar

Em 1905, Freud publicou Três Ensaios sobre a Teoria da Sexualidade em que expôs a sua descoberta das fases psicossexuais, que categorizava o desenvolvimento da primeira infância em cinco fases, dependendo do que uma criança com finalidades sexuais possuía na fase [28]:

- Oral (idades 0 - 2);
- Anal (2 - 4);
- Fálico-edipais ou Primeira genitália (3 - 6);
- Latência (6 - puberdade); e
- Genitais maduros (puberdade - em diante).

A sua formulação inicial incluía a ideia de que, devido a restrições sociais, os desejos sexuais eram reprimidos para um estado inconsciente, e que a energia desses desejos inconscientes poderia resultar em ansiedade ou sintomas físicos. As técnicas de tratamento precoce, incluindo o hipnotismo e a reacçãoabra, foram concebidas para tornar o inconsciente consciente, a fim de aliviar a pressão e os sintomas aparentemente resultantes. Este método seria mais tarde deixado de lado por Freud, dando à livre associação um papel maior.

Em Sobre o Narcisismo (1915), Freud voltou a sua atenção para o tema titular do narcisismo [29]. Freud caracterizou a diferença entre a energia dirigida ao eu e a energia dirigida a outros, utilizando um sistema conhecido como cathexis. Em 1917, em "Mourning and Melancholia", ele sugeriu que certas depressões eram causadas por virar a raiva culpada sobre o eu [30]. Em 1919, através de "Uma Criança está a ser espancada", começou a abordar os problemas do comportamento auto-destrutivo e do masoquismo sexual [31]. Com base na sua experiência com pacientes deprimidos e autodestrutivos, e ponderando a carnificina da

Primeira Guerra Mundial, Freud ficou insatisfeito por considerar apenas as motivações orais e sexuais para o comportamento. Em 1920, Freud abordou o poder de identificação (com o líder e com outros membros) em grupos como uma motivação para o comportamento em Psicologia de Grupo e a Análise do Ego [32, 33]. Nesse mesmo ano, Freud sugeriu a sua teoria do duplo impulso da sexualidade e da agressão no Além do Princípio do Prazer, para tentar começar a explicar a destrutividade humana. Foi também o primeiro aparecimento da sua "teoria estrutural" que consistia em três novos conceitos id, ego, e superego [34].

Três anos mais tarde, em 1923, resumiu as ideias de id, ego e superego em O Ego e o Id [35]. No livro, reviu toda a teoria do funcionamento mental, considerando agora que a repressão era apenas um dos muitos mecanismos de defesa, e que ela ocorreu para reduzir a ansiedade. Assim, Freud caracterizou a repressão como uma causa e um resultado da ansiedade. Em 1926, em "Inibições, Sintomas e Ansiedade", Freud caracterizou como o conflito intra-psíquico entre o impulso e o superego causava ansiedade, e como essa ansiedade podia levar a uma inibição das funções mentais, como o intelecto e a fala [36]. Em 1924, Otto Rankpublished The Trauma of Birth, que analisou a cultura e filosofia em relação à ansiedade de separação que ocorria antes do desenvolvimento de um complexo edipiano [37]. As teorias de Freud, contudo, não caracterizavam tal fase. De acordo com Freud, o complexo de Édipo estava no centro da neurose, e era a fonte fundamental de toda a arte, mito, religião, filosofia, terapia - de facto de toda a cultura e civilização humana. Foi a primeira vez que alguém no círculo interno de Freud caracterizou algo que não o complexo de Édipo como contribuindo para o desenvolvimento intra-psíquico, uma noção que foi rejeitada por Freud e pelos seus seguidores na altura.

Em 1936 o "Princípio da Função Múltipla" foi clarificado por Robert Waelder [38]. Ele alargou a formulação de que os sintomas psicológicos eram causados por e aliviaram simultaneamente o conflito. Além disso, os sintomas (tais como fobias e compulsões) representavam cada um elementos de algum desejo (sexual e/ou agressivo), superego, ansiedade, realidade, e defesas. Também em 1936, Anna Freud, filha de Sigmund, publicou o seu livro seminal, The Ego and the Mechanisms of Defense (O Ego e os Mecanismos de Defesa), descrevendo inúmeras formas como a mente poderia fechar a consciência [39].

6.2.5. 1940-Presente

Quando o poder de Hitler cresceu, a família Freud e muitos dos seus colegas fugiram para Londres. No espaço de um ano, Sigmund Freud morreu [40]. Nos Estados Unidos, também após a morte de Freud, um novo grupo de psicanalistas começou a explorar a função do ego. Liderado por Heinz Hartmann, o grupo construiu sobre a compreensão da função sintética do ego como mediador no funcionamento psíquico, distinguindo tais funções das funções autonomousego (por exemplo, memória e intelecto). Estes "psicólogos do ego" dos anos 50 prepararam uma forma de focalizar o trabalho analítico, atendendo às defesas (mediadas pelo ego) antes de explorar as raízes mais profundas para os conflitos inconscientes.

Além disso, havia um interesse crescente na psicanálise infantil. A psicanálise tem sido utilizada como instrumento de investigação sobre o desenvolvimento infantil, e ainda é utilizada para tratar certos distúrbios mentais [41]. Nos anos 60, os primeiros pensamentos de Freud sobre o desenvolvimento da sexualidade feminina na infância foram desafiados; este desafio levou ao desenvolvimento de uma variedade de compreensões do desenvolvimento sexual feminino [42], muitas das quais modificaram o timing e a normalidade de várias das teorias de Freud. Vários investigadores seguiram os estudos de Karen Horney sobre as pressões societais que influenciam o desenvolvimento das mulheres [43].

Na primeira década do século XXI, existiam cerca de 35 institutos de formação em psicanálise nos Estados Unidos acreditados pela Associação Psicanalítica Americana (APsaA), que é uma organização componente da Associação Psicanalítica Internacional (IPA), e existem mais de 3000 psicanalistas graduados que praticam nos Estados Unidos. A IPA acredita centros de formação psicanalítica através de tais "organizações componentes" no resto do mundo, incluindo países como a Sérvia, França, Alemanha, Áustria, Itália, Suíça [44], e muitos outros, bem como cerca de seis institutos directamente nos Estados Unidos.

6.2.6. Psicanálise como um Movimento

Freud fundou a Sociedade da Quarta-feira Psicológica em 1902, que Edward Shorterargues foi o início da psicanálise como um movimento. Esta sociedade tornou-se a Sociedade Psicanalítica de Viena em 1908, no mesmo ano do primeiro congresso internacional de psicanálise realizado em Salzburgo, Áustria [45]. Alfred Adler foi um dos membros mais activos desta sociedade nos seus primeiros anos [46].

O segundo congresso de psicanálise teve lugar em Nuremberga, Alemanha, em 1910 [45]. Neste congresso, Ferenczicalled para a criação de uma Associação Psicanalítica Internacional com Jung como presidente vitalício [47]. Um terceiro congresso teve lugar em Weimar, em 1911 [45]. A London Psychoanalytical Society foi fundada em 1913 por Ernest Jones [48].

6.2.7. Desenvolvimento de Formas Alternativas de Psicoterapia

6.2.7.1. Terapia Cognitiva Comportamental (CBT)

Na década de 1950, a psicanálise era a principal modalidade de psicoterapia. Os modelos comportamentais de psicoterapia começaram a assumir um papel mais central na psicoterapia nos anos 60 [49]. Aaron T. Beck, um psiquiatra treinado numa tradição psicanalítica, começou a testar empiricamente os modelos psicanalíticos da depressão e descobriu que as ruminações conscientes da perda e falha pessoal estavam correlacionadas com a depressão. Ele sugeriu que crenças distorcidas e tendenciosas eram um factor causal da depressão, publicando um influente artigo em 1967, após uma década de investigação, utilizando a construção de esquemas para explicar a depressão [42]. Beck desenvolveu esta hipótese empiricamente apoiada para a causa da depressão numa terapia falante chamada terapia cognitiva comportamental (CBT), no início dos anos 70.

6.2.7.2. Teoria dos Anexos

A teoria da ligação foi desenvolvida teoricamente por John Bowlbyand formalizada empiricamente por Mary Ainsworth [50]. Bowlby foi treinado psicanaliticamente mas estava preocupado com algumas propriedades da psicanálise [51], estava perturbado pelo dogmatismo da psicanálise da época, a sua terminologia arcana, a falta de atenção ao ambiente no comportamento infantil, e os conceitos derivados da terapia de falar sobre o comportamento infantil [51]. Em resposta, ele desenvolveu uma conceptualização alternativa do comportamento infantil baseada em princípios sobre a etologia [51]. A teoria de ligação de Bowlby rejeita o modelo de desenvolvimento psicossexual de Freud baseado no modelo edipiano [51]. Pelo seu trabalho, Bowlby foi afastado dos círculos psicanalíticos que não aceitavam as suas teorias. No entanto, a sua conceptualização foi amplamente adoptada pela investigação mãe-infantil nos anos 70 [51].

6.2.8. Teorias

As teorias psico-analíticas predominantes podem ser organizadas em várias escolas teóricas. Embora estas perspectivas sejam diferentes, a maioria delas enfatiza a influência de elementos inconscientes sobre o consciente. Também tem sido feito um trabalho considerável na consolidação de elementos de teorias contraditórias [52].

Existem alguns conflitos persistentes entre psicanalistas relativamente a causas específicas de certas síndromes, e algumas disputas relativamente às técnicas de tratamento ideais. No século XXI, as ideias psicanalíticas encontraram influência em campos como os cuidados infantis, educação, crítica literária, estudos culturais, saúde mental, e particularmente a psicoterapia. Embora a maioria dos psicanalistas de corrente principal subscrevam as correntes modernas do pensamento psicanalítico, existem grupos que seguem os preceitos de um único psicanalista e da sua escola de pensamento. As ideias psicanalíticas também desempenham papéis em alguns tipos de análise literária, tais como a crítica literária arquetípica [53].

6.2.8.1. Teoria Topográfica

A teoria topográfica foi nomeada e descrita pela primeira vez por Sigmund Freud em The Interpretation of Dreams (1899) [54]. A teoria pressupõe que o aparelho mental pode ser dividido nos sistemas Consciente, Preconsciente, e Inconsciente. Estes sistemas não são estruturas anatómicas do cérebro mas, sim, processos mentais. Embora Freud tenha mantido esta teoria ao longo da sua vida, substituiu-a em grande parte pela teoria estrutural [55].

6.2.8.2. Teoria Estrutural

A teoria estrutural divide a psique no id, no ego e no super-ego. O id está presente no nascimento como o repositório dos instintos básicos, a que Freud chamou "Triebe" ("drives"). Desorganizado e inconsciente, funciona apenas com base no "princípio do prazer", sem realismo ou previdência. O ego desenvolve-se lenta e gradualmente, preocupando-se em mediar entre o impulso do id e as realidades do mundo externo; opera assim sobre o "princípio da realidade". O super-ego é considerado como a parte do ego em que se desenvolve a auto-observação, a autocrítica e outras faculdades de reflexão e de julgamento. O ego e o super-ego são ambos parcialmente conscientes e parcialmente inconscientes [55].

6.2.8.3. Abordagens teóricas e clínicas

Durante o século XX, surgiram muitos modelos clínicos e teóricos diferentes de análise psicológica.

6.2.8.4. Psicologia do Ego

A psicologia do ego foi inicialmente sugerida por Freud em Inibições, Sintomas e Ansiedade(1926) [36], enquanto que os principais passos em frente seriam dados através do trabalho de Anna Freud sobre mecanismos de defesa, publicado pela primeira vez no seu livro The Ego and the Mechanisms of Defense (1936) [39].
A teoria foi refinada por Hartmann, Loewenstein, e Kris numa série de papéis e livros desde 1939 até ao final dos anos 60. Leo Bellak foi um colaborador posterior. Esta série de construções, em paralelo com alguns dos desenvolvimentos posteriores da teoria cognitiva, inclui as noções de funções autónomas do ego: funções mentais não dependentes, pelo menos na origem, do conflito intra-psíquico. Tais funções incluem: percepção sensorial, controlo motor, pensamento simbólico, pensamento lógico, fala, abstracção, integração (síntese), orientação, concentração, julgamento sobre o perigo, teste da realidade, capacidade adaptativa, tomada de decisão executiva, higiene e auto-preservação. Freud observou que a inibição é um método que a mente pode utilizar para interferir com qualquer uma destas funções, a fim de evitar emoções dolorosas. Hartmann (1950s) salientou que pode haver atrasos ou défices em tais funções [56].

Frosch (1964) descreveu diferenças naquelas pessoas que demonstraram danos na sua relação com a realidade, mas que pareciam ser capazes de a testar [57].

Segundo a psicologia do ego, as forças do ego, mais tarde descritas por Otto F. Kernberg (1975), incluem as capacidades de controlar os impulsos orais, sexuais e destrutivos; de tolerar os efeitos dolorosos sem se desfazerem; e de evitar a erupção em consciência da fantasia simbólica bizarra [58]. As funções sintéticas, ao contrário das funções autónomas, surgem do desenvolvimento do ego e servem o propósito de gerir processos de conflito. As defesas são funções sintéticas que protegem a mente consciente da consciência de impulsos e pensamentos proibidos. Um dos objectivos da psicologia do ego tem sido o de enfatizar que algumas funções mentais podem ser consideradas básicas, em vez de derivadas de desejos, afectos, ou defesas. No entanto, as funções autónomas do ego podem ser secundariamente afectadas devido a conflitos inconscientes. Por exemplo, um paciente pode ter uma amnésia histérica (sendo a memória uma função autónoma) devido a um conflito intra-psíquico (desejando não se lembrar porque é demasiado doloroso).

No seu conjunto, as teorias acima referidas apresentam um grupo de pressupostosmeta-psicológicos. Por conseguinte, o grupo inclusivo das diferentes teorias clássicas proporciona uma visão transversal dos processos mentais humanos. Há seis "pontos de vista", cinco descritos por Freud e um sexto acrescentado por Hartmann. Os processos inconscientes podem portanto ser avaliados a partir de cada um destes seis pontos de vista [59]:

- Topográfico
- Dinâmico (a teoria do conflito)
- Económica (a teoria do fluxo de energia)
- Estrutural
- Genética (isto é, propostas relativas à origem e desenvolvimento de funções psicológicas)
- Adaptacional (isto é, fenómenos psicológicos relacionados com o mundo externo)

6.2.8.5. Teoria do Conflito Moderno

A moderna teoria do conflito, uma variação da psicologia do ego, é uma versão revista da teoria estrutural, muito especialmente diferente através da alteração de conceitos relacionados com onde os pensamentos reprimidos eram armazenados [35, 36]. A teoria moderna do conflito aborda sintomas emocionais e traços de carácter como soluções complexas para o conflito mental [60]. Dispensa os conceitos de um id fixo, ego e superego, e, em vez disso, apresenta conflito consciente e inconsciente entre desejos (dependentes, controladoras, sexuais e agressivos), culpa e vergonha, emoções (especialmente ansiedade e efeito depressivo), e operações defensivas que desligam da consciência alguns aspectos dos outros. Além disso, o funcionamento saudável (adaptativo) é também determinado, em grande medida, por resoluções de conflito.

Um dos principais objectivos da psicanálise moderna da teoria do conflito é alterar o equilíbrio do conflito num paciente, tornando conscientes os aspectos das soluções menos adaptativas (também chamadas "formações de compromisso") para que possam ser repensadas, e encontrar soluções mais adaptativas. Os teóricos actuais que seguem o trabalho de Charles Brenner, especialmente The Mind in Conflict (1982), incluem Sandor Abend [61], Jacob Arlow [62], e Jerome Blackman [63].

6.2.8.6. Teoria das Relações entre Objectos

A teoria das relações entre objectos tenta explicar as relações humanas através de um estudo de como as representações mentais do eu e dos outros são organizadas [64]. Os sintomas clínicos que sugerem problemas de relações entre objectos (tipicamente atrasos de desenvolvimento ao longo da vida) incluem perturbações na capacidade de sentir de um indivíduo: calor, empatia, confiança, sensação de segurança, estabilidade de identidade, proximidade emocional consistente, e estabilidade nas relações com outros significativos.

Klein discute o conceito de introjecções, criando uma representação mental de objectos externos; e projecção, aplicando esta representação mental à realidade [65]. Wilfred Bion introduziu o conceito de contenção de projecções na relação mãe-filho onde a mãe compreende as projecções infantis, modifica-as e devolve-as à criança [65].

Conceitos relativos à representação interna (aka 'introspecção', 'auto-representação e representação de objectos', ou 'internalização do eu e outros'), embora frequentemente atribuídos a Melanie Klein, foram na realidade mencionados pela primeira vez por Sigmund Freud nos seus primeiros conceitos de teoria da condução (Three Essays on the Theory of Sexuality, 1905). O artigo de Freud de 1917 "Mourning and Melancholia", por exemplo, punha a hipótese de que o luto não resolvido era causado pela imagem internalizada do falecido que se fundia com a do sobrevivente, e depois o sobrevivente mudava uma raiva inaceitável para o falecido para a agora complexa auto-imagem [30].

As hipóteses de Melanie Klein relativamente à internalização durante o primeiro ano de vida, levando a posições paranóicas e depressivas, foram mais tarde desafiadas por René Spitz (por exemplo, O Primeiro Ano de Vida, 1965), que dividiu o primeiro ano de vida numa fase cinestésica dos primeiros seis meses, e depois numa fase diacrítica dos segundos seis meses.Mahler, Fine, e Bergman (1975) descrevem fases e subfases distintas do desenvolvimento da criança levando à "separação-individuação" durante os primeiros três anos de vida, salientando a importância da constância das figuras parentais face à agressão destrutiva da criança, internalizações, estabilidade da gestão dos efeitos, e capacidade de desenvolver uma autonomia saudável[66].

Durante a adolescência, Erik Erikson (1950 - 1960s) descreveu a "crise de identidade", que envolve ansiedade de identidade-difusão. Para que um adulto possa experimentar "EÉTICA QUENTE: (calor, Empatia, Confiança, Ambiente de Manutenção, Identidade, Proximidade e Estabilidade) nas relações, o adolescente tem de resolver os problemas com a identidade e re-desenvolver-se a si próprio e a constância dos objectos [66].

6.2.9. Auto-psicologia

A auto-psicologia enfatiza o desenvolvimento de um sentido estável e integrado de contactos empáticos com outros seres humanos, sendo os outros primários significativos concebidos como 'auto-objectivos'. Os auto-objectivos atendem às necessidades do eu em desenvolvimento de espelhamento, idealização, e geminação, e assim fortalecem o eu em desenvolvimento. O processo de tratamento prossegue através de "internalizações transmutadoras", nas quais o paciente internaliza gradualmente as funções de auto-objecto fornecidas pelo terapeuta.

A autopsicologia foi proposta originalmente por Heinz Kohut, e foi posteriormente desenvolvida por Arnold Goldberg, Frank Lachmann, Paul e Anna Ornstein, Marian Tolpin, e outros.

6.2.10. Psicanálise lacaniana

A psicanálise lacaniana, que integra a psicanálise com a linguística estrutural e a Hegelianfilosofia, é especialmente popular em França e em partes da América Latina. A psicanálise lacaniana é um afastamento da psicanálise tradicional britânica e americana. Jacques Lacanfrequentemente utilizou a frase "retourner à Freud" ("regresso a Freud") nos seus seminários e escritos, pois afirmava que as suas teorias eram uma extensão das próprias de Freud, ao contrário das de Anna Freud, a Psicologia do Ego, as relações entre objectos e as teorias do "eu", e também afirma a necessidade de ler as obras completas de Freud, e não apenas uma parte delas. Os conceitos de Lacan dizem respeito ao "palco espelho", o "Real", o "Imaginário", e o "Simbólico", e a afirmação de que "o inconsciente está estruturado como uma linguagem" [67].

Apesar da sua grande influência na psicanálise em França e em partes da América Latina, Lacan e as suas ideias demoraram mais tempo a ser traduzidas para o inglês, pelo que teve um menor impacto na psicanálise e na psicoterapia no mundo anglófono. No Reino Unido e nos Estados Unidos, as suas ideias são mais amplamente utilizadas para analisar textos em teoria literária [68]. Devido à sua postura cada vez mais crítica face ao desvio do pensamento de Freud, muitas vezes destacando textos e leituras particulares dos seus colegas, Lacan foi excluído de actuar como analista de formação no IPA, levando-o assim a criar a sua própria escola a fim de manter uma estrutura institucional para os muitos candidatos que desejavam continuar a sua análise com ele [69].

6.2.11. Paradigma Adaptativo

O paradigma adaptativo da psicoterapia desenvolve-se a partir do trabalho de Robert Langs. O paradigma adaptativo interpreta o conflito psíquico principalmente em termos de adaptação consciente e inconsciente à realidade. O trabalho recente de Langs regressa, em certa medida, ao trabalho anterior

Freud, na medida em que Langs prefere uma versão modificada do modelo topográfico da mente (consciente, pré-consciente e inconsciente) ao modelo estrutural (id, ego e super-ego), incluindo a ênfase do primeiro no trauma (embora Langs procure traumas relacionados com a morte em vez de traumas sexuais) [55]. Ao mesmo tempo, o modelo da mente de Langs difere do de Freud por compreender a mente em termos de princípios biológicos evolutivos [70].

6.2.12. Psicanálise relacional

Psicanálise relacional psicanalisisisiscombina interpessoal com teoria das relações entre objectos e com teoria inter-subjectiva como crítica para a saúde mental. Foi introduzida por Stephen Mitchell [71]. A psicanálise relacional sublinha como a personalidade do indivíduo é moldada tanto por relações reais como imaginárias com os outros, e como estes padrões de relação são reencenados nas interacções entre analista e paciente. Os psicanalistas relacionais têm defendido a sua visão da necessidade de ajudar certos pacientes isolados e distantes a desenvolver a capacidade de "mentalização" associada ao pensamento sobre as relações e sobre si próprios.

6.2.13. Psicopatologia (Perturbações mentais)

6.2.13.1. Origens da infância

As teorias freudianas sustentam que os problemas dos adultos podem ser atribuídos a conflitos não resolvidos de certas fases da infância e da adolescência, causados pela fantasia, resultantes dos seus próprios impulsos. Freud, com base nos dados recolhidos dos seus pacientes no início da sua carreira, suspeitou que os distúrbios neuróticos ocorreram quando as crianças foram abusadas sexualmente na infância (ou seja, a teoria da sedução). Mais tarde, Freud chegou a acreditar que, embora ocorressem abusos de crianças, os sintomas neuróticos não estavam associados a isto. Ele acreditava que as pessoas neuróticas tinham frequentemente conflitos inconscientes que envolviam fantasias incestuosas derivadas de diferentes fases de desenvolvimento. Ele descobriu que a fase de cerca de três a seis anos de idade (idade pré-escolar, hoje chamada a "primeira fase genital") estava repleta de fantasias de ter relações românticas com ambos os pais. Argumentos foram rapidamente gerados no início do século XX em Viena sobre se a sedução adulta de crianças, ou seja, o abuso sexual de crianças, era a base da doença neurótica. Ainda não existe um acordo completo, embora actualmente os profissionais reconheçam os efeitos negativos do abuso sexual de crianças sobre a saúde mental [72].

6.2.13.2. Conflitos de Édipo

Muitos psicanalistas que trabalham com crianças estudaram os efeitos reais do abuso de crianças, que incluem défices de ego e de relações entre objectos e graves conflitos neuróticos. Muita investigação tem sido feita sobre estes tipos de traumas na infância, e o guincho dos adultos sobre os mesmos. Ao estudar os factores da infância que dão início ao desenvolvimento de sintomas neuróticos, Freud encontrou uma constelação de factores que, por razões literárias, denominou o complexo de Édipo, baseado na peça de Sophocles, Oedipus Rex, na qual o protagonista mata involuntariamente o seu pai e casa com a sua mãe. A validade do complexo de Édipo é agora amplamente contestada e rejeitada [73, 74].

O termo curto, édipo-later explícito por Joseph J. Sandler em "On the Concept Superego" (1960)[75], e modificado por Charles Brenner em The Mind in Conflict (1982) - refere-se aos poderosos apegos que as crianças fazem aos seus pais nos anos pré-escolares. Estes apegos envolvem fantasias de relações sexuais com qualquer dos pais (ou ambos), e, portanto, fantasias competitivas com qualquer dos pais (ou ambos). Humberto Nagera (1975) tem sido particularmente útil no esclarecimento de muitas das complexidades da criança ao longo destes anos.

Os conflitos edipais "positivos" e "negativos" têm sido ligados aos aspectos heterossexuais e homossexuais, respectivamente. Ambos parecem ocorrer no desenvolvimento da maioria das crianças. Eventualmente, as concessões da criança em desenvolvimento à realidade (que não irão casar com um dos pais nem eliminar o outro) levam a identificações com os valores parentais. Estas identificações geralmente criam um novo conjunto de operações mentais relativas a valores e culpa, subsumidas sob o termo superego. Além do desenvolvimento do superego, as crianças "resolvem" os seus conflitos edipais pré-escolares através da canalização de desejos para algo que os seus pais aprovam ("sublimação") e o desenvolvimento, durante a idade escolar ("latência") de manobras defensivas obsessivas-com-pulsivas adequadas à idade (regras, jogos repetitivos).

6.2.14. Tratamento

Utilizando as várias técnicas analíticas e psicológicas para avaliar os problemas, alguns acreditam que existem constelações particulares de problemas que são especialmente adequados para o tratamento analítico, enquanto outros problemas podem responder melhor a medicamentos e outras intervenções interpessoais [76]. Para ser tratado com psicanálise, qualquer que seja o problema que apresenta, a pessoa que solicita ajuda deve demonstrar um desejo de iniciar uma análise. A pessoa que deseja iniciar uma análise deve ter alguma capacidade de fala e de comunicação. Além disso, deve ser capaz de ter ou desenvolver confiança e perspicácia dentro da sessão psicanalítica. Os potenciais doentes devem submeter-se a uma fase preliminar do tratamento para avaliar a sua disponibilidade para a psicanálise nesse momento, e também para permitir ao analista formar um modelo psicológico funcional, que o analista utilizará para dirigir o tratamento. Os psicanalistas trabalham principalmente com neurose e histeria em particular; contudo, formas adaptadas de psicanálise são utilizadas no trabalho com esquizofrenia e outras formas de psicose ou distúrbio mental. Finalmente, se um potencial paciente for severamente suicida, pode ser utilizada uma fase preliminar mais longa, por vezes com sessões que têm um intervalo de vinte minutos no meio. Há numerosas modificações na técnica sob o título de psicanálise, devido à natureza individualista da personalidade tanto do analista como do paciente.

Os problemas mais comuns tratáveis com a psicanálise incluem:

a. fobias,
b. conversões,

c. compulsões,
d. obsessões,
e. ataques de ansiedade,
f. depressões,
g. disfunções sexuais, uma grande variedade de problemas de relacionamento (tais como encontros e conflitos conjugais), e uma grande variedade de problemas de carácter (por exemplo, timidez dolorosa, mesquinhez, odiosidade, trabalho-aholismo, hiperseductividade, hiper-emocionalidade, odiosidade hiper-rápida).

O facto de muitos desses pacientes também demonstrarem défices acima, torna difícil o diagnóstico e a selecção do tratamento.

Organizações analíticas tais como a IPA, APsaA e a Federação Europeia de Psicoterapia Psicanalítica estabeleceram procedimentos e modelos para a indicação e prática da terapia psicanalítica para estagiários em análise. A correspondência entre o analista e o paciente pode ser vista como outro factor que contribui para a indicação e contra-indicação do tratamento psicanalítico. O analista decide se o paciente é adequado para a psicanálise. Esta decisão tomada pelo analista, para além de se basear nas indicações e patologia habituais, baseia-se também, até certo ponto, no "ajuste" entre analista e paciente. A aptidão de uma pessoa para análise em qualquer altura em particular baseia-se no seu desejo de saber algo sobre de onde veio a sua doença. Alguém que não é adequado para análise não expressa qualquer desejo de saber mais sobre as causas profundas da sua doença.

Uma avaliação pode incluir as opiniões independentes de um ou mais analistas e incluirá a discussão da situação financeira e dos seguros do paciente.

6.2.14.1. Técnicas

O método básico da psicanálise é a interpretação dos conflitos inconscientes do paciente que estão a interferir com o funcionamento actual - conflitos que estão a causar sintomas dolorosos como fobias, ansiedade, depressão, e compulsões. Strachey (1936) sublinhou que descobrir formas como o paciente distorceu as percepções sobre o analista levou à compreensão do que pode ter sido esquecido. Em particular, sentimentos hostis inconscientes em relação ao analista podiam ser encontrados em reacções simbólicas negativas ao que Lang chamou mais tarde de "enquadramento" da terapia [77] - o enquadramento que incluía tempos das sessões, pagamento de honorários, e necessidade de falar. Em pacientes que cometeram erros, esqueceram, ou mostraram outras peculiaridades em relação ao tempo, honorários e conversas, o analista pode normalmente encontrar várias "resistências" inconscientes ao fluxo dos pensamentos.

Quando o paciente se reclina num sofá com o analista fora de vista, o paciente tende a lembrar mais experiências, mais resistência e transferência, e é capaz de reorganizar os pensamentos após o desenvolvimento da percepção - através do trabalho interpretativo do analista. Embora a vida fantasiosa possa ser compreendida através do exame dos sonhos, as fantasias de masturbação também são importantes. O analista está interessado na forma como o paciente reage e evita tais fantasias [78]. Várias memórias de vida precoce são geralmente distorcidas - aquilo a que Freud chamou memórias de ecrã - e, de qualquer modo, experiências muito precoces (antes dos dois anos de idade) - não podem ser lembradas.

6.2.14.2. Variações na Técnica

Há o que é conhecido entre os psicanalistas como técnica clássica, embora Freud ao longo dos seus escritos se tenha desviado consideravelmente desta, dependendo dos problemas de qualquer paciente.

As técnicas clássicas foram resumidas por Allan Compton como compreendendo [79]:

- instruções: dizer ao doente para tentar dizer o que lhe vai na mente, incluindo interferências;
- exploração: fazer perguntas; e
- clarificação: reformular e resumir o que o doente tem vindo a descrever.

Além disso, o analista também pode usar o confronto para trazer um aspecto do funcionamento, normalmente uma defesa, à atenção do paciente. O analista utiliza então uma variedade de métodos de interpretação, como por exemplo:

- Interpretação dinâmica: explicando como é ser demasiado simpático proteger-se contra a culpa (por exemplo, defesa vs. efeito);
- Interpretação genética: explicando como um evento passado está a influenciar o presente;
- Interpretação da resistência: mostrando ao paciente como ele está a evitar os seus problemas;
- Interpretação da transferência: mostrando os modos como os conflitos antigos surgem nas relações actuais, incluindo a com o analista; ou
- Interpretação dos sonhos: obter o pensamento do paciente sobre os seus sonhos e ligá-lo aos seus problemas actuais.

Os analistas também podem utilizar a reconstrução para estimar o que pode ter acontecido no passado que criou alguma questão actual. Estas técnicas são baseadas principalmente na teoria do conflito. medida que a teoria das relações entre objectos evoluiu, complementada pelo trabalho de John Bowlby e Mary Ainsworth, técnicas com pacientes que tinham problemas mais graves de confiança básica (Erikson, 1950) e uma história de privação materna levaram a novas técnicas com adultos. Estas foram por vezes chamadas técnicas interpessoais, inter-subjectivas (cf. Stolorow), relacionais, ou de relações correctivas com objectos. Estas técnicas incluem a expressão de uma sintonia empática com o paciente ou calor; expor um pouco da vida ou atitudes pessoais do analista ao paciente; permitir a autonomia do paciente sob a forma de desacordo com o analista (cf. I. H. Paul, Cartas a Simão); e explicar as motivações dos outros que o paciente interpreta mal.

Os conceitos psicológicos do ego do défice de funcionamento levaram a aperfeiçoamentos na terapia de apoio. Estas técnicas são particularmente aplicáveis a doentes psicóticos e quase psicóticos (cf., Eric Marcus, "Psychosis and Near-psychosis"). Estas técnicas de terapia de apoio incluem discussões sobre a realidade; encorajamento para permanecer vivo (incluindo hospitalização); medicamentos psicotrópicos para aliviar o efeito depressivo esmagador ou fantasias esmagadoras (alucinações e delírios); e conselhos sobre os significados das coisas (para contrariar os fracassos da abstracção).

A noção de "analista silencioso" tem sido criticada. Na verdade, o analista ouve utilizando a abordagem de Arlow tal como exposta em "A Génese da Interpretação", utilizando uma intervenção activa para interpretar resistências, defesas que criam patologia, e fantasias. O silêncio não é uma técnica de psicanálise (ver também os estudos e artigos de opinião de Owen Renik). A "neutralidade analítica" é um conceito que não significa que o analista seja silencioso. Refere-se à posição do analista de não tomar partido nas lutas internas do paciente. Por exemplo, se um paciente se sentir culpado, o analista pode explorar o que o paciente tem feito ou pensado que causa a culpa, mas não tranquiliza o paciente a não se sentir culpado. O analista pode também explorar as identificações com os pais e outros que levaram à culpa [80, 81].

Os psicanalistas interpessoais-relacionais enfatizam a noção de que é impossível ser neutro. Sullivan introduziu o termo participant-observer para indicar que o analista interage inevitavelmente com os analisados, e sugeriu o inquérito detalhado como uma alternativa à interpretação. O inquérito detalhado envolve a observação de onde o analisado está a deixar de fora elementos importantes de um relato e a observação de quando a história é ofuscada, e a formulação de perguntas cuidadosas para abrir o diálogo [82].

6.2.14.3. Terapia de grupo e terapia lúdica

Embora as sessões de cliente único continuem a ser a norma, a teoria psicanalítica tem sido utilizada para desenvolver outros tipos de tratamento psicológico. A terapia de grupo psicanalítica foi pioneira por Trigant Burrow, Joseph Pratt, Paul F. Schilder, Samuel R. Slavson, Harry Stack Sullivan, e Wolfe. A terapia de grupo psicanalítica para pais foi instituída no início da história analítica por Freud, e foi mais tarde desenvolvida por Irwin Marcus, Edith Schulhofer, e Gilbert Kliman. A terapia para casais com base psicanalítica foi promulgada e explicada por Fred Sander. Técnicas e ferramentas desenvolvidas na primeira década do século XXI tornaram a psicanálise disponível a pacientes que não eram tratáveis por técnicas anteriores. Isto significou que a situação analítica foi modificada de modo a ser mais adequada e mais susceptível de ser útil para estes pacientes. Eagle (2007) acredita que a psicanálise não pode ser uma disciplina autónoma, mas deve, pelo contrário, estar aberta à influência e integração com descobertas e teoria de outras disciplinas [83].

As construções psicanalíticas foram adaptadas para utilização com crianças com tratamentos tais como terapia lúdica, terapia artística, e narração de histórias. Ao longo da sua carreira, desde os anos 20 até aos anos 70, Anna Freudadaptou a psicanálise para crianças através da brincadeira. Isto ainda hoje é utilizado para crianças, especialmente as que são pré-adolescentes. Utilizando brinquedos e jogos, as crianças são capazes de demonstrar simbolicamente os seus medos, fantasias e defesas; embora não seja idêntica, esta técnica, nas crianças, é análoga ao objectivo de livre associação nos adultos. A terapia lúdica psicanalítica permite à criança e ao analista compreender os conflitos infantis, particularmente defesas como a desobediência e a retirada, que se têm vindo a guardar contra vários sentimentos desagradáveis e desejos hostis. Na terapia artística, o conselheiro pode mandar uma criança desenhar um retrato e depois contar uma história sobre o retrato. O conselheiro observa os temas recorrentes - independentemente de ser com arte ou brinquedos.

6.2.15. Variações culturais

A psicanálise pode ser adaptada a diferentes culturas, desde que o terapeuta ou conselheiro compreenda a cultura do cliente. Por exemplo, Tori e Blimes descobriram que os mecanismos de defesa eram válidos numa amostra normativa de 2.624 tailandeses. A utilização de certos mecanismos de defesa estava relacionada com valores culturais. Por exemplo, os tailandeses valorizam a calma e a colectividade (por causa das crenças budistas), pelo que tinham pouca emocionalidade regressiva. A psicanálise também se aplica porque Freud utilizou técnicas que lhe permitiram obter as percepções subjectivas dos seus pacientes. Ele adopta uma abordagem objectiva ao não enfrentar os seus clientes durante as suas sessões de terapia de conversação. Encontrava-se com os seus pacientes onde quer que eles estivessem, como por exemplo quando usava a associação livre - onde os clientes diziam o que lhes vinha à cabeça sem auto-censura. Os seus tratamentos tinham pouca ou nenhuma estrutura para a maioria das culturas, especialmente as culturas asiáticas. Por conseguinte, é mais provável que o Freudian

6.2.16. Terapia psicodinâmica

As terapias psicodinâmicas referem-se a terapias que se baseiam em abordagens psicanalíticas mas que são concebidas para terem uma duração mais curta ou menos intensiva [65].

6.2.16.1. Custo e duração do tratamento

O custo para o paciente do tratamento psicanalítico varia muito de lugar para lugar e entre profissionais. A análise de baixo custo está frequentemente disponível numa clínica de formação psicanalítica e em escolas de pós-graduação. Caso contrário, a taxa estabelecida por cada analista varia com a formação e experiência do analista. Uma vez que, na maioria dos locais nos Estados Unidos, ao contrário do que acontece em Ontário e na Alemanha, a análise clássica (que normalmente requer sessões três a cinco vezes por semana) não está coberta pelo seguro de saúde, muitos analistas podem negociar os seus honorários com pacientes que sentem que podem ajudar, mas que têm dificuldades financeiras. As modificações das análises, que incluem terapia psico-dinâmica, terapias breves, e certos tipos de terapia de grupo, são realizadas com menos frequência - geralmente uma, duas ou três vezes por semana - e normalmente o paciente senta-se de frente para o terapeuta. Como resultado dos mecanismos de defesa e da falta de acesso aos elementos insondáveis do inconsciente, a psicanálise pode ser um processo expansivo que envolve 2 a 5 sessões por semana durante vários anos. Este tipo de terapia baseia-se na crença de que a redução dos sintomas não ajudará de facto com as causas profundas ou impulsos irracionais. O analista é normalmente um 'ecrã em branco', revelando muito pouco sobre si próprio para que o cliente possa usar o espaço na relação para trabalhar no seu inconsciente sem interferência do exterior.

O psicanalista utiliza vários métodos para ajudar o paciente a tornar-se mais consciente de si próprio e a desenvolver percepções sobre o seu comportamento e sobre os significados dos sintomas. Antes de mais nada, o psicanalista tenta desenvolver uma atmosfera confidencial na qual o paciente se possa sentir seguro ao relatar os seus sentimentos, pensamentos e fantasias. As areias anais (como as pessoas em análise são chamadas) são solicitadas a relatar o que quer que lhe venha à mente sem medo de represálias. Freud chamou a isto a "regra fundamental". Pede-se às areias anais que falem sobre as suas vidas, incluindo a sua vida inicial, vida actual e esperanças e aspirações para o futuro. São encorajados a relatar as suas fantasias, "pensamentos relâmpago" e sonhos. De facto, Freud acreditava que os sonhos eram, "o caminho real para o inconsciente"; ele dedicou todo um volume à interpretação dos sonhos. Freud tinha os seus pacientes deitados num sofá numa sala pouco iluminada e sentava-se fora da vista, geralmente directamente atrás deles, para não influenciar os pensamentos dos pacientes através dos seus gestos ou expressões [85].

A tarefa do psicanalista, em colaboração com os analisados, é ajudar a aprofundar a compreensão da areia anal sobre aqueles factores, fora da sua consciência, que impulsionam os seus comportamentos. No ambiente seguro do cenário psicanalítico, o analisado torna-se apegado ao analista e muito em breve começa a experimentar os mesmos conflitos com o seu analista que experimenta com figuras-chave na sua vida, tais como os seus pais, o seu chefe, o seu outro importante, etc. É o papel do psicanalista apontar estes conflitos e interpretá-los. A transferência destes conflitos internos para o analista é chamada "transferência".

Foram também feitos muitos estudos sobre tratamentos mais breves e "dinâmicos"; estes são mais expeditos de medir, e, até certo ponto, lançam luz sobre o processo terapêutico. A Terapia Relacional Breve (BRT), a Terapia Psicodinâmica Breve (BPT), e a Terapia Dinâmica Limitada no Tempo (TLDP) limitam o tratamento a 20 - 30 sessões. Em média, a análise clássica pode durar 5,7 anos, mas para fobias e depressões não complicadas por défices de ego ou de relações entre objectos, a análise pode durar um período de tempo mais curto.Análises mais longas são indicadas para aqueles com perturbações mais graves nas relações entre objectos, mais sintomas, e patologia de carácter mais arraigada.

6.2.17. Formação e Investigação

A psicanálise continua a ser praticada por psiquiatras, assistentes sociais, e outros profissionais da saúde mental; no entanto, a sua prática tem declinado [86, 87]. Tem sido largamente substituída pela psicoterapia psicodinâmica semelhante mas mais ampla em meados do século XX [88]. As abordagens psico-analíticas continuam a ser listadas pelo Serviço Nacional de Saúde do Reino Unido como possivelmente úteis para a depressão [89-91].

6.2.18. Psicoterapia Psicanalítica

Existem diferentes formas de psicanálise e psicoterapias nas quais o pensamento psicanalítico é praticado. Além da psicanálise clássica, existe por exemplo a psicoterapia psicanalítica, uma abordagem terapêutica que alarga "a acessibilidade da teoria psicanalítica e das práticas clínicas que evoluíram ao longo de mais de 100 anos para um maior número de indivíduos"[84]. Outros exemplos de terapias bem conhecidas que também utilizam insights da psicanálise são o tratamento baseado na metalização (MBT), e a psicoterapia orientada para a transferência (TFP) [90]. Há também uma influência contínua do pensamento psicanalítico nos cuidados de saúde mental [92].

6.2.19. Investigação

Mais de cem anos de relatos de casos e estudos na revista Modern Psychoanalysis, a Psychoanalytic Quarterly, a International Journal of Psychoanalysis e aJournal of the American Psychoanalytic Association analisaram a eficácia da análise em casos deneurose e problemas de carácter ou personalidade. A psicanálise modificada por técnicas de relações entre objectos demonstrou ser eficaz em muitos casos de problemas arraigados de intimidade e relação (cf. os muitos livros de Otto Kernberg). O tratamento psicanalítico, noutras situações, pode durar de cerca de um ano a muitos anos, dependendo da gravidade e complexidade da patologia.

A teoria psicanalítica tem sido, desde o seu início, objecto de crítica e controvérsia. Freud observou isto no início da sua carreira, quando outros médicos em Viena o ostracizaram pelas suas descobertas de que os sintomas de conversão histérica não se limitavam às mulheres. Os desafios à teoria analítica começaram com Otto Rank e Alfred Adler (viragem do século XX), continuaram com behavioristas (ex. Wolpe) até aos anos 40 e 50, e persistiram (ex. Miller). As críticas vêm daqueles que se opõem à noção de que há mecanismos, pensamentos ou sentimentos na mente que podem estar inconscientes. As críticas também têm sido feitas contra a ideia de "sexualidade infantil" (o reconhecimento de que as crianças entre os dois e os seis anos de idade imaginam coisas a favor da criação). As críticas à teoria levaram a variações nas teorias analíticas, tais como o trabalho de Ronald Fairbairn, Michael Balint, e John Bowlby. Nos últimos cerca de 30 anos, as críticas têm-se centrado na questão da verificação empírica [93].

A psicanálise tem sido utilizada como instrumento de investigação sobre o desenvolvimento infantil (cf. a revista The Psychoanalytic Study of the Child), e evoluiu para um tratamento flexível e eficaz de certos distúrbios mentais. Nos anos 60, as primeiras reflexões de Freud (1905) sobre o desenvolvimento da sexualidade feminina na infância foram desafiadas; este desafio levou a grandes pesquisas nos anos 70 e 80, e depois a uma reformulação do desenvolvimento sexual feminino que corrigiu alguns dos conceitos de Freud [94]. Ver também os vários trabalhos de Eleanor Galenson, Nancy Chodorow, Karen Horney, Françoise Dolto, Melanie Klein, Selma Fraiberg, e outros. Mais recentemente, os investigadores psicanalíticos que integraram a teoria do apego no seu trabalho, incluindo Alicia Lieberman, Susan Coates, e Daniel Schechter exploraram o papel da traumatização parental no desenvolvimento das representações mentais das crianças pequenas de si e dos outros [95].

6.2.19.1. Eficácia

A profissão psicanalítica tem sido resistente à investigação da eficácia [96]. As avaliações de eficácia baseadas apenas na interpretação do terapeuta não podem ser provadas [97].

6.2.19.2. Resultados da investigação

Numerosos estudos demonstraram que a eficácia da terapia está principalmente relacionada com a qualidade do terapeuta, e não com a escola, a técnica ou a formação [98].

As meta-análises em 2012 e 2013 encontraram apoio ou provas para a eficácia da terapia psicanalítica, mas é necessária mais investigação [99, 100]. Outras metanálises publicadas nos últimos anos mostraram que a psicanálise e a terapia psicodinâmica são eficazes, com resultados comparáveis ou superiores a outros tipos de psicoterapia ou medicamentos antidepressivos [101-103], mas estas metanálises têm sido sujeitas a várias críticas [104-107]. Em particular, a inclusão de estudos pré/pós-análise em vez de ensaios controlados aleatórios, e a ausência de comparações adequadas com tratamentos de controlo, é uma limitação séria na interpretação dos resultados. Um relatório francês de 2004 do INSERM concluiu que a terapia psicanalítica é menos eficaz do que outras psicoterapias (incluindo a terapia cognitiva comportamental) para certas doenças.

Em 2011, a Associação Psicológica Americana fez 103 comparações entre o tratamento psicodinâmico e um concorrente não-dinâmico e descobriu que 6 eram superiores, 5 eram inferiores, 28 não mostravam diferença, e 63 eram adequados. O estudo concluiu que isto poderia ser utilizado como base "para fazer da psicoterapia psicodinâmica um tratamento 'empiricamente validado'"[108].

As metanálises da Psicoterapia Psicodinâmica de Curto Prazo (STPP) encontraram tamanhos de efeito (Cohen's d) que vão de 0,34 a 0,71 em comparação com a ausência de tratamento, tendo-se constatado que era ligeiramente melhor do que outras terapias em seguimento [109]. Outras revisões encontraram um tamanho de efeito de 0,78 a 0,91 para a desordem somática - em comparação com nenhum tratamento [110] e 0,69 para o tratamento da depressão [111]. Uma Análise de Harvard de 2012 da Psicoterapia Dinâmica Intensiva de Curto Prazo (ISTDP) encontrou tamanhos de efeito que variam de 0,84 para problemas interpessoais a 1,51 para a depressão. A ISTDP global teve um tamanho de efeito de 1,18 em comparação com a ausência de tratamento [112].

Uma meta-análise da Psicoterapia Psicodinâmica de Longo Prazo em 2012 encontrou um efeito global de 0,33, o que é modesto. Este estudo concluiu que a taxa de recuperação após o LTPP era igual aos tratamentos de controlo, incluindo o tratamento como habitualmente, e concluiu que as provas da eficácia do LTPP eram limitadas e, na melhor das hipóteses, conflituosas [113]. Outros encontraram tamanhos de efeito de 0,44-0,68 [114].

De acordo com uma revisão francesa de 2004 conduzida pelo INSERM, a psicanálise foi presumida ou provada eficaz no tratamento de distúrbios de pânico, stress pós-traumático, e distúrbios de personalidade, mas não encontrou provas da sua eficácia no tratamento da esquizofrenia, distúrbio obsessivo compulsivo, fobia específica, bulimia e anorexia.

Uma revisão sistemática da literatura médica de 2001 pela Colaboração Cochrane concluiu que não existem dados que demonstrem que a psicoterapia psicodinâmica é eficaz no tratamento da esquizofrenia e de doenças mentais graves, e advertiu que a medicação deve ser sempre utilizada juntamente com qualquer tipo de terapia de fala em casos de esquizofrenia [115]. Uma revisão francesa de 2004 encontrou o mesmo.A Equipa de Investigação de Resultados do Paciente com Esquizofrenia aconselha contra o uso de terapia psicodinâmica em casos de esquizofrenia, argumentando que são necessários mais ensaios para verificar a sua eficácia [116, 117].

6.3. Referências

[1]. Svenja Taubner, em Hurting Memories and Beneficial Forgetting, 2013
[2]. Adolescent Development, Theories ofL.
Steinberg, em International Encyclopedia of the Social & Behavioral Sciences, 2001
[3]. Dennis Thornton PhD, Charles E. Argoff MD, inPain Management Secrets (3rd Ed.), 2009
[4]. Deixar o corpo e a vida para trás: Experiência Fora do Corpo e de Quase-Morte
Olaf Blanke, Sebastian Dieguez, em The Neurology of Consciousness, 2009
Relatos Folk-psicológicos e Aspectos Psicológicos
[5]. S.W. Russ, J.A. Dillon, em Encyclopedia of Creativity (2nd Edition), 2011
Perspectivas Psicodinâmicas sobre Teoria Associativa
[6]. Olaf Blanke, Sebastian Dieguez,

in The Neurology of Conciousness (Segunda Edição), 2016. Relatos Folclóricos-Psicológicos
e Aspectos Psicológicos
[7]. R.E. Kendell, em International Encyclopedia of the Social & Behavioral Sciences, 20016. 2
Implicações para a Escolha do Sintoma e do Resultado
[8]. Mitchell, Julieta. 2000. Psicanálise e Feminismo: Uma Reavaliação Radical de Psicanálise Freudiana. Londres: Penguin Books, p. 341.
[9]. Birnbach, M... 1961. Neo-Freudian Social Philosophy. Stanford: Universidade de Stanford
Imprensa . p. 3.
[10]. Chessick, Richard D. 2007. The Future of Psychoanalysis (O Futuro da Psicanálise). Albany: State University of New York Press. p. 125.
[11]. Fromm, Erich. 1992. The Revision of Psychoanalysis. Nova Iorque: Open Road. pp. 12-13.
(pontos 1 a 6).
[12]. Stefana, Alberto. 2017. História da Contra-transferência: De Freud para o objecto britânico
Escola de Relações. Londres:Routledge. ISBN 978-1138214613.
[13]. Stengel, E. 1953. Sigmund Freud on Aphasia (1891).
Nova Iorque: International Universities Press.
[14]. Freud, Sigmund, e Josef Breuer. 1955 [1895]. Studies on Hysteria, Standard Editions 2,
editado por J. Strachey. Londres: Hogarth Press.
[15]. Freud, Sigmund. 1966 [1895] "Project for a Scientific Psychology", Pp. 347-445 em Edições Padrão 3, editadas por J. Strachey. Londres: Hogarth Press.
[16]. Freud, Sigmund. 1896. "L'hérédité et l'étiologie des névroses" [Hereditariedade e a etiologia
de neuroses]. Revue neurologique 4(6):161-69. via Psychanalyste Paris.
[17]. Roudinesco, Élisabeth, e Michel Plon. 2011 [1997]. Dictionnaire de la psychanalyse. Paris: Fayard. p. 1216.
[18]. Freud, Sigmund. 1953 [1896], "The Aetiology of Hysteria", Pp. 191–221
em The Standard Edition 3, editado por J. Strachey. Londres: Hogarth Press. Resumo do Lay
através da Universidade de Washington.
[19]. Freud, Sigmund. 1953 [1906]. "My Views on the Part Played by Sexuality in the Aetiologia das Neuroses". Pp. 269-79 em The Standard Edition 7, editado por J. Strachey.
Londres: Hogarth Press.
[20]. Freud, Sigmund. 1959 [1925]. "An Auto-biographical Study" (Um Estudo Autobiográfico). Pp. 7–74
na Edição Standard 20, editada por J. Strachey. Londres: Hogarth Press. - via Universidade da Pennsylvania. Versão transcrita via Michigan Mental Health Networker.
[21]. Cioffi, F. 1998 [1973]. "Será Freud um Mentiroso?". Pp. 199-204 em Freud e a questão de
Pseudosciência. Tribunal aberto.
[22]. Schimek, J. G. 1987. "Fact and Fantasy in the Seduction Theory: a Historical Review". Journal of the American Psychoanalytic Association 35:937-65.

[23]. Esterson, Allen. 1998. "A teoria da sedução de Jeffrey Masson e Freud": Uma nova fábula baseada
sobre velhos mitos (sinopse em Human Nature Review)". História das Ciências Humanas
11(1):1–21.
[24]. Gay, Peter. 1988. Freud: Uma Vida para o Nosso Tempo. Nova Iorque: W. W. Norton. pp. 3–4, 103.
[25]. Freud, Signmund. 1913 [1899]. A Interpretação dos Sonhos. Macmillan.
[26]. Arlow, Brenner. 1964. Psychoanalytic Concepts and the Structural Theory. Novo York:International Universities Press.
[27]. Borch-Jacobsen, Mikkel; Shamdasani, Sonu (2012). The Freud Files: Um Inquérito sobre os
História da Psicanálise . Imprensa da Universidade de Cambridge. ISBN 78-0-521-72978-9.
[28]. Freud, Sigmund. 1955 [1905]. "Three Essays on the Theory of Sexuality".
Edições Standard 7, editadas por J. Strachey. Londres: Hogarth Press.
[29]. Freud, Sigmund. 1955 [1915]. "Sobre o Narcisismo". Pp. 73-102 in Standard Edition 14,
editado por J. Strachey. Londres: Hogarth Press. - via University of Pennsylvania.
[30]. Freud, Sigmund. 1955 [1917]. "Mourning and Melancholia Archived 2015-05-01 at the
Máquina de Wayback". Pp. 243-58 na Edição Padrão 17, editada por J. Strachey.
Londres: Hogarth Press. - via University of Pennsylvania.
[31]. Freud, Sigmund. 1955 [1919]. "Uma criança está a ser espancada. Arquivado em 2020-08-06 no
Máquina de Wayback". Pp. 175-204 in Standard Edition 17, editado por J. Strachey. Londres:
Hogarth Press. - via The Institute of Contemporary Psychoanalysis.
[32]. Freud, Sigmund. 1922 [1920]. "Psicologia de Grupos e a Análise do Ego".
traduzido por J. Strachey. Nova Iorque: Boni & Liveright.
hdl:2027/mdp.39015003802348.
— 1955 [1920]. "Psicologia de Grupos e a Análise do Ego".
Pp. 65-144 na Edição Padrão 18, traduzida por J. Strachey. Londres: Hogarth Press.
[33]. "Psicologia de Grupo e a Análise do Ego" (revisão). Natureza 3(2784):321.
Nature Publishing Group 1923.
[34]. Freud, Sigmund. 1920. "Beyond the Pleasure Principle", traduzido por C. J. M. Hubback.
Biblioteca Psicanalítica Internacional 4, editada por E. Jones. Londres: Internacional
Imprensa Psico-Analítica. - através da Biblioteca de Ciências Sociais. — 1955 [1920].
"Para além do Princípio do Prazer". Na Edição Padrão 18, traduzida por J. Strachey.
Londres: Hogarth Press.
[35]. Freud, Sigmund. 1955 [1923]. "O Ego e o Id.". In Standard Edition 19,
editado por J. Strachey. Londres: Hogarth Press. Fazer resumos através de Simply Psychology e
JSTOR Daily Roundtable.Glossary via University of Notre Dame.
[36]. Freud, Sigmund. 1955 [1926]. "Inibições, Sintomas e Ansiedade". Em Edição Standard
20, editado por J. Strachey. Londres: Hogarth Press. S2CID 142804158.
[37]. Mustafa, A. (2013). Comportamento Organizacional. Global Professional Publishing Limited.

ISBN 9781908287366 - via Google Books.
[38]. Waelder, Robert. 1936. "The Principles of Multiple Function": Observações sobre o excesso...
Determinação". The Psychoanalytic Quarterly 5:45-62.
[39]. Freud, Anna. 1968 [1937]. The Ego and the Mechanisms of Defence (ed. revista). Londres: Hogarth Press.
[40]. Kuriloff, Emily A. (2013). Psicanálise Contemporânea e o Legado do Terceiro Reich. Routledge. p. 45. ISBN 978-1136930416.
[41]. Wallerstein. 2000. Quarenta e dois Vive em Tratamento: Um Estudo de Psicanálise e Psicoterapia.
[42]. Horney, Karen (1973). Psicologia Feminina. Norton. ISBN 0-393-00686-7.
[43]. Blum, H. 1979. Masoquismo, o Ideal do Ego e a Psicologia da Mulher. JAPA.
[44]. Organizações Componentes do IPA na Europa, arquivadas em 2015-10-23, recuperadas em 2012-11-20
[45]. Mais curto, Edward (2005). Um dicionário histórico de psiquiatria. Nova Iorque: Oxford
Imprensa universitária. ISBN 978-0-19-803923-5.
[46]. Ellenberger, Henri F. (1970).
A descoberta do inconsciente : a história e a evolução da psiquiatria dinâmica. Nova Iorque. ISBN 0-465-01672-3.
[47]. Eisold, Kenneth (2017).
A Vida Organizacional da Psicanálise: Conflitos, Dilemas e o Futuro do Profissão . ISBN 978-1-315-39006-2.
[48]. Robinson, Ken. "A Brief History of the British Psychoanalytic Society". Britânico Sociedade Psicanalítica.
[49]. John C. Norcross; Gary R. VandenBos; Donald K. Freedheim (2011).
História da Psicoterapia: Continuidade e Mudança. Associação Americana de Psicologia.
ISBN 978-1-4338-0762-6.
[50]. Bretherton, Inge (1992).
"As origens da teoria do apego": John Bowlby e Mary Ainsworth". Developmental Psicologia. 28 (5): 759–775. ISSN 0012-1649.
[51]. Goldberg, Susan; Muir, Roy; Kerr, John, eds. (1995).
Teoria do apego: perspectivas sociais, de desenvolvimento e clínicas. Hillsdale, NJ: Imprensa Analítica. ISBN 0-88163-184-1.
[52]. cf. Dorpat, Theodore, B. Killingmo, e S. Akhtar. 1976. Journal of the American Associação Psicanalítica 24:855-74.
[53]. E., Bressler, Charles (2011). A crítica literária : uma introdução à teoria e à prática. Pearson Longman. pp. 123-142. ISBN 978-0-205-79-79169-9.
[54]. Freud, Sigmund. 1955 [1915]. "The Unconscious". Na Edição Padrão 14, editado por J. Strachey. Londres: Hogarth Press.
[55]. Langs, Robert. 2010. Freud on a Precipice: Como o destino de Freud empurrou a psicanálise
o Bordo. Lanham, MD: Jason Aronson.
[56]. Hartmann, Heinz. Ensaios sobre Psicologia do Ego Problemas Selecionados em Psicanalítica
Teoria.
[57]. Frosch, John (1964). "The psychotic character: Considerações psiquiátricas clínicas". The [57].
Trimestral psiquiátrico. 38 (1–4): 81–96. ISSN 0033-2720.

[58]. Kernberg, Otto. 1975. Borderline Conditions and Pathological Narcissism (Condições Fronteiriças e Narcisismo Patológico). Nova Iorque:
Jason Aronson.
[59]. Rapaport, Gill. 1959. "The Points of View and Assumptions of Metapsychology". The International Journal of Psychoanalysis 40: 153-62. PMID 14436240.
[60]. Brenner, Charles. 2006. "Psicanálise": Mente e Significado". Psicanálise trimestral.
[61]. Abend, Sandor, Porder, e Willick. 1983. Borderline Patients: Perspectivas clínicas.
[62]. Arlow, Jacob e Charles Brenner. 1964. Os Conceitos Psicanalíticos e as Estruturas Teoria.
[[63]. Blackman, Jerome. 2003. 101 Defesas: Como a Mente se Esconde.
[64]. "Teoria das Relações entre Objectos". web.sonoma.edu. Arquivado em 2020-09-27. Recuperado em 2020...
07-20.
[65]. Abrahams, Deborah (2021). Um guia clínico para psicoterapia psicodinâmica. Poul Rohleder. Abingdon, Oxon. ISBN 978-1-351-13858-1.
[66]. Mahler, Margaret, Fine, e Bergman. 1975. O Nascimento Psicológico do Homem Bebé.
[67]. Lacan, Jacques. 2006. A Função e o Campo da Fala e da Linguagem na Psicanálise, traduzido por B. Fink. New York: W. W. Norton.
[68]. Evans, Dylan. 2005. "From Lacan to Darwin". Em The Literary Animal; Evolution and the
Nature of Narrative, editado por J. Gottschall e D. S. Wilson.
Evanston: Northwestern University Press.
[69]. Lacan, Jacques. 1990 [1974]. Televisão: Um desafio para o psicanalítico Estabelecimento .
[70]. Langs, Robert. 2010. Fundamentos de Psicoterapia Adaptativa e Aconselhamento. Londres:
Palgrave-MacMillan.
[71]. Mitchell, Stephen. 1997. Influência e Autonomia na Psicanálise. The Analytic Press.
[72]. "Abuso Sexual Infantil". Centro Nacional para o PTSD, Departamento de Assuntos de Veteranos dos EUA.
Arquivado em 2013-07-28.
[73]. Miller, Alice. 1984. Não Tens de Estar Consciente: A Traição da Criança pela Sociedade. Novo
York: Farrar Straus e Giroux. pp. 105-227.
[74]. Kupfersmid, Joel. 1995. Será que o complexo de Édipo existe?
Associação Psicológica Americana.
[75]. Sandler, Joseph (Janeiro de 1960). "On the Concept of Superego1". O Psicanalítico Estudo da Criança. 15 (1): 128–162. ISSN 0079-7308.
[76]. Centro de Especialização Colectiva do INSERM. 2004.
"Psicoterapia": Três abordagens avaliadas". Relatórios Colectivos de Peritos do INSERM.
Paris: Institut National de la Santé et de la Recherche Médicale (2000). PMID 21348158.
BCNI NBK7123.
[77]. Langs, Robert. 1998. Ground Rules in Psychotherapy and Counselling. Londres: Karnac.
[78]. Gray, Paul. 1994. The Ego and Analysis of Defense (O Ego e a Análise da Defesa). J. Aronson.
[79]. "Técnicas Psicanalíticas". Psynso. Recuperado a 24 de Dezembro de 2022.

[80]. Leider, Robert J. (1983-01-01). "Analytic neutrality-a historical review". Psicanalítico Inquérito. 3 (4): 665–674. ISSN 0735-1690.
[81]. Greenberg, J. (1986). The Problem of Analytic Neutrality. O Contexto. Psychoanal., 22:76-86.
[82]. Verde, Maurice R. (1977-07-01). "Sullivan's Participant Observation". Contemporâneo Psicanálise. 13 (3): 358–360. ISSN 0010-7530.
[83]. Eagle, Morris N. 2007. "A psicanálise e os seus críticos". Psicologia Psicanalítica 24:10–24.
[84]. Thompson, M. Guy. 2004. A Ética da Honestidade: A Regra Fundamental de Psicanálise. Rodopi. p. 75.
[85]. Hergenhahn, Baldwin; Olson, Matthew (2007). Uma Introdução às Teorias de Personalidade. Upper Saddle River, Nova Jersey: Pearson Prentice Hall. pp. 45–46. ISBN 978-0-13-194228-8.
[86]. "French Psychoflap". Ciência. 307 (5713): 1197a. 25 de Fevereiro de 2005. S2CID 220106659.
[87]. Paris, J. (2017). "A Psicanálise Ainda é Relevante para a Psiquiatria?". Jornal Canadiano de Psiquiatria. 62 (5): 308–312.
[88]. Freedheim, D.K.; DiFilippo, J.M; Klostermann, S. (2015). Enciclopédia da Saúde Mental (2nd ed.). Nova Iorque: Elsevier. pp. 348–356. ISBN 978-0-12-397753-3.
[89]. "Depressão clínica - Tratamento". 2017-10-24.
[90]. Nederlands Psychoanalytisch Instituut, arquivado em 2008-10-14
[91]. [O que é Psicoterapia Psicanalítica? Sociedade e Instituto Psicanalítico de Toronto -]
[92]. Nederlands Psychoanalytisch Genootschap, arquivado a partir do original a 16 de Setembro, 2009.
[93]. Tallis RC (1996), "Burying Freud", Lancet, 347 (9002): 669–671.
[94]. Blum HP, ed. (1977), Psicologia Feminina, Nova Iorque: Imprensa Universitária Internacional
[95]. Schechter DS; et al. (2007). "Traumatização do cuidador tem um impacto negativo no "eu" mental das crianças pequenas e nos outros". Apego e Desenvolvimento Humano. 9 (3): 187–20.
[96]. Vickers, Christine Brett (15 de Agosto de 2016). "Eis o que a psicanálise é realmente, e o que a investigação diz sobre a sua eficácia". Business Insider.
[97]. Myers, D. G. (2014). Psicologia: Décima edição em módulos. Nova Iorque: Worth Publishers.
[98]. Horvath, A. 2001. "A Aliança". Psicoterapia: Teoria, Investigação, Prática, Formação 38(4):365–72.
[99]. Leichsenring, Falk; Abbass, Allan; Luyten, Patrick; Hilsenroth, Mark; Rabung, Sven (2013). "The Emerging Evidence for Long-Term Psychodynamic Therapy". Psiquiatria Psicodinâmica. Publicações Guilford. 41 (3): 361–384. ISSN 2162-2590. Arquivado em 2019-02-26.
[100]. Maat, Saskia; et al. (2013). "O Estado Actual das Evidências Empíricas para a Psicanálise": Uma meta-abordagem".

Harvard Review of Psychiatry. Ovid Technologies (Wolters Kluwer Health). 21 (3): 107–
137. ISSN 1067-3229.
[101]. Shedler, Jonathan (2010), "The Efficacy of Psychodynamic Psychotherapy", American Psicólogo, 65 (2): 98–109.
[102]. Leichsenring, F. (2005), "Are psychodynamic and psychoanalytic therapies effective". International Journal of Psychoanalysis, 86 (3): 841–68.
[103]. Leichsenring, Falk, e Sven Rabung. 2011.
"Psicoterapia psicodinâmica a longo prazo em perturbações mentais complexas: meta-análise".
British Journal of Psychiatry 199(1):15-22.
[104]. McKay, Dean. 2011.
"Métodos e mecanismos na eficácia da psicoterapia psicodinâmica".
Psicólogo Americano 66(2):147-8.
[105]. Thombs, Brett D., Lisa R. Jewett, e Marielle Bassel. 2011.
"Há espaço para críticas aos estudos de psicoterapia psicodinâmica"?
Psicólogo Americano 66(2):148-49.
[106]. Anestis, Michael D., Joye C. Anestis, e Scott O. Lilienfeld. 2011.
"Quando se trata de avaliar a terapia psicodinâmica, o diabo está nos detalhes".
Psicólogo Americano 66(2):149-51.
[107]. Tryon, Warren W., e Georgiana S. Tryon. 2011.
"No ownership of common factors", American Psychologist 66(2):151-52.
[108]. Gerber, Andrew J; et al. (2011).
"A Quality-Based Review of Randomized Controlled Trials of Psychody Psychotherapy".
American Journal of Psychiatry. 168 (1): 19–28.
[109]. Anderson, Edward M.; Lambert, Michael J. (1995).
"Psicoterapia de curto prazo orientada dinamicamente: Uma revisão e meta-análise". Clínica
Revisão Psicológica. 15 (6): 503–512.
[110]. Abbass, Allan; Kisely, Stephen; Kroenke, Kurt (2009). "Psicodinâmica de Curto Prazo Psicoterapia para Distúrbios Somáticos. Systematic Review and Meta-Analysis of Trials" .
Psicoterapia e Psicossomática. 78 (5): 265–74.
[111]. Abass, Allen A.; et al. (2010).
"A eficácia da psicoterapia psicodinâmica de curto prazo para a depressão: análise".
Revisão da Psicologia Clínica. 30 (1): 25–36.
[112]. Abbass, Allan; Town, Joel; Driessen, Ellen (2012). "Dinâmica Intensiva de Curto Prazo
Psicoterapia: Uma Revisão Sistemática e Meta-análise dos Resultados da Investigação". Harvard
Revisão da Psiquiatria. 20 (2): 97–108.
[113]. Smit, Y.; Huibers, J.; Ioannidis, J.; van Dyck, R.; van Tilburg, W.; Arntz, A. (2012). "O
eficácia da psicoterapia psicanalítica de longo prazo - Uma meta-análise de ensaios controlados aleatorizados". Revisão da Psicologia Clínica. 32 (2): 81–92.
[114]. Leichsenring, Falk; Rabung, Sven (2011).
"Psicoterapia psicodinâmica a longo prazo em perturbações mentais complexas: meta-análise".
The British Journal of Psychiatry. 199 (1): 15–22.

[115]. Malmberg, Lena; Fenton, Mark; Rathbone, John (2001).
" Psicoterapia psicodinâmica individual e psicanálise de doenças mentais graves". Base de Dados Cochrane de Revisões Sistemáticas. 2012 (3): CD001360.

[116]. Kreyenbuhl, J.; Buchanan, R. W.; Dickerson, F. B.; Dixon, L. B.; Paciente esquizofrénico Outcomes Research Team (PORT) (2009). Boletim da Esquizofrenia. 36 (1): 94–103.

[117]. Lehman, A. F.; Steinwachs, D. M. (1998). "Patterns of Usual Care for Schizophrenia: Initial Results Team (PORT) Client Survey". Boletim da Esquizofrenia. 24 (1): 11–20.

Capítulo (7)

Conclusões

A PNL pode ser entendida em termos de três grandes componentes e dos conceitos centrais relativos:

1- **Subjectividade:**

Experimentamos o mundo subjectivamente, criando assim representações subjectivas da nossa experiência. Estas representações subjectivas da experiência são constituídas em termos de cinco sentidos e linguagem. Ou seja, a nossa experiência subjectiva consciente é em termos dos sentidos tradicionais da visão, audição, táctica, olfacto e gustação de tal forma que quando - por exemplo - ensaiamos uma actividade "na nossa cabeça", recordamos um evento ou antecipamos o futuro "ver" imagens, "ouvir" sons, "provar" sabores, "sentir" sensações tácteis, "cheirar" odores e pensar em alguma linguagem (natural). Além disso, afirma-se que estas representações subjectivas da experiência têm uma estrutura discernível, um padrão. É neste sentido que a PNL é por vezes definida como o estudo da estrutura da experiência subjectiva.

- O comportamento pode ser descrito e compreendido em termos destas representações subjectivas baseadas no sentido. O comportamento é amplamente concebido para incluir comunicação verbal e não verbal, comportamento incompetente, maladaptativo ou "patológico", bem como comportamento eficaz ou habilidoso.
- O comportamento (em si e noutros) pode ser modificado através da manipulação destas representações subjectivas baseadas no sentido. Programação neuro-linguística (PNL) Programação neuro-linguística (PNL)

2- **Consciência.**

A PNL é baseada na noção de que a consciência é bifurcada num componente consciente e num componente inconsciente. As representações subjectivas que ocorrem fora da consciência de um indivíduo compreendem o que é referido como a "mente inconsciente".

3- **Aprendizagem.**

A PNL utiliza um método imitativo de aprendizagem - denominado modelagem - que se afirma ser capaz de codificar e reproduzir a perícia de um exemplar em qualquer domínio de actividade. Uma parte importante do processo de codificação é uma descrição da sequência das representações sensoriais/linguísticas - estações da experiência subjectiva do exemplar durante a execução da perícia.

Printed by Books on Demand GmbH, Norderstedt / Germany